U0319082

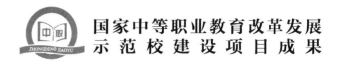

国家中等职业教育改革发展
示范校建设项目成果

电工上岗证培训与考核

diangong shanggangzheng peixun yu kaohe

主　编　蒋勇辉

副主编　刘足堂

参　编　林祖盛　陈友栋　卢光飞

知识产权出版社

全国百佳图书出版单位

责任编辑：石陇辉　　　　　　　　责任校对：孙婷婷

封面设计：刘　伟　　　　　　　　责任出版：刘译文

图书在版编目（CIP）数据

电工上岗证培训与考核/蒋勇辉主编 . —北京：知识产权出版社，2016.1

国家中等职业教育改革发展示范校建设项目成果

ISBN 978 - 7 - 5130 - 2176 - 0

Ⅰ.①电…　Ⅱ.①蒋…　Ⅲ.①电子技术—中等专业学校—教材　Ⅳ.①TM

中国版本图书馆 CIP 数据核字（2013）第 177064 号

国家中等职业教育改革发展示范校建设项目成果

电工上岗证培训与考核

蒋勇辉　主编

出版发行：**知识产权出版社**

社　　址：北京市海淀区马甸南村 1 号		邮　　编：100088		
网　　址：http://www.ipph.cn		邮　　箱：bjb@cnipr.com		
发行电话：010 - 82000860 转 8101/8102		传　　真：010 - 82005070/82000893		
责编电话：010 - 82000860 转 8175		责编邮箱：shilonghui@cnipr.com		
印　　刷：北京中献拓方科技发展有限公司		经　　销：各大网上书店、新华书店及相关专业书店		
开　　本：787mm×1092mm　1/16		印　　张：10		
版　　次：2016 年 1 月第 1 版		印　　次：2016 年 1 月第 1 次印刷		
字　　数：230 千字		定　　价：32.00 元		

ISBN 978-7-5130-2176-0

审定委员会

主　　任：高小霞

副主任：郭雄艺　　罗文生　　冯启廉　　陈　强

　　　　　刘足堂　　何万里　　曾德华　　关景新

成　　员：纪东伟　　赵耀庆　　杨　武　　朱秀明　　荆大庆

　　　　　罗树艺　　张秀红　　郑洁平　　赵新辉　　姜海群

　　　　　黄悦好　　黄利平　　游　洲　　陈　娇　　李带荣

　　　　　周敬业　　蒋勇辉　　高　琰　　朱小远　　郭观棠

　　　　　祝　捷　　蔡俊才　　张文库　　张晓婷　　贾云富

序

　　根据《珠海市高级技工学校"国家中等职业教育改革发展示范校建设项目任务书"》的要求，2011 年 7 月至 2013 年 7 月，我校立项建设的数控技术应用、电子技术应用、计算机网络技术和电气自动化设备安装与维修四个重点专业，需构建相对应的课程体系，建设多门优质专业核心课程，编写一系列一体化项目教材及相应实训指导书。

　　基于工学结合专业课程体系构建需要，我校组建了校企专家共同参与的课程建设小组。课程建设小组按照"职业能力目标化、工作任务课程化、课程开发多元化"的思路，建立了基于工作过程、有利于学生职业生涯发展的、与工学结合人才培养模式相适应的课程体系。根据一体化课程开发技术规程，剖析专业岗位工作任务，确定岗位的典型工作任务，对典型工作任务进行整合和条理化。根据完成典型工作任务的需求，四个重点建设专业由行业企业专家和专职教师共同参与的课程建设小组开发了以职业活动为导向、以校企合作为基础、以综合职业能力培养为核心，理论教学与技能操作融合贯通的一系列一体化项目教材及相应实训指导书，旨在实现"三个合一"，即能力培养与工作岗位对接合一、理论教学与实践教学融通合一、实习实训与顶岗实习学做合一。

　　本系列教材已在我校经过多轮教学实践，学生反响良好，可用作中等职业院校数控、电子、网络、电气自动化专业的教材，以及相关行业的培训材料。

珠海市高级技工学校

前　言

　　本书是电气自动化设备安装与维修专业优质核心课程"电工上岗证培训与考核"的配套教材。课程建设小组以职业岗位工作任务分析为基础，以国家职业资格标准为依据，以综合职业能力培养为目标，以典型工作任务为载体，以学生为中心，运用一体化课程开发技术规程，根据典型工作任务和工作过程设计课程教学内容和教学方法，按照工作过程的顺序和学生自主学习的要求进行教学设计并安排教学活动，共设计了10个学习任务，每个学习任务下设计了5个学习活动，每个学习活动通过教学环节完成学习活动。通过这些学习任务，重点对学生进行电气行业的基本技能、岗位核心技能的训练，并通过完成典型工作任务的一体化课程教学达到与电气专业对应的上岗操作岗位的对接，实现"学习的内容是工作，通过工作实现学习"的工学结合课程理念，最终达到培养高素质技能型人才的培养目标。

　　本书由我校电气自动化设备安装与维修专业相关人员与行业、企业专家共同开发、编写完成。本书由蒋勇辉担任主编，刘足堂担任副主编，参加编写的人员还有林祖盛、陈友栋、卢光飞，本书由林祖盛统稿，陈友栋对本书进行了审稿与指导，高小霞、刘足堂等参加了审稿和指导工作。

　　由于时间仓促，编者水平有限，加之改革处于探索阶段，书中难免有不妥之处，敬请专家、同仁给予批评指正，为我们的后续改革和探索提供宝贵的意见和建议。

编　者

目　　录

学习任务一　荧光灯与两控一灯一插座控制线路安装……………………………… 1

　学习活动一　明确工作任务与目标 ……………………………………………………… 1

　学习活动二　了解与熟悉工作任务 ……………………………………………………… 2

　学习活动三　任务实施 …………………………………………………………………… 3

　学习活动四　工作总结与评价 …………………………………………………………… 6

　学习活动五　技能拓展 …………………………………………………………………… 9

学习任务二　三相四线电度表带互感器的安装 …………………………………… 10

　学习活动一　明确工作任务与目标 …………………………………………………… 10

　学习活动二　了解与熟悉工作任务 …………………………………………………… 11

　学习活动三　任务实施 ………………………………………………………………… 12

　学习活动四　工作总结与评价 ………………………………………………………… 15

　学习活动五　技能拓展 ………………………………………………………………… 17

学习任务三　电动机点动－连续控制线路安装 …………………………………… 18

　学习活动一　明确工作任务与目标 …………………………………………………… 18

　学习活动二　了解与熟悉工作任务 …………………………………………………… 19

　学习活动三　任务实施 ………………………………………………………………… 19

　学习活动四　工作总结与评价 ………………………………………………………… 23

　学习活动五　技能拓展 ………………………………………………………………… 25

学习任务四　单向两地控制线路安装 ……………………………………………… 26

　学习活动一　明确工作任务与目标 …………………………………………………… 26

　学习活动二　了解与熟悉工作任务 …………………………………………………… 27

　学习活动三　任务实施 ………………………………………………………………… 28

　学习活动四　工作总结与评价 ………………………………………………………… 31

　学习活动五　技能拓展 ………………………………………………………………… 33

学习任务五　双重联锁正、反转控制线路安装 …………………………………… 35

　学习活动一　明确工作任务与目标 …………………………………………………… 35

　学习活动二　了解与熟悉工作任务 …………………………………………………… 36

　学习活动三　任务实施 ………………………………………………………………… 37

　学习活动四　工作总结与评价 ………………………………………………………… 40

　学习活动五　技能拓展 ………………………………………………………………… 42

学习任务六　绝缘电阻表、接地电阻测量仪的正确使用 ………………………… 43

　学习活动一　明确工作任务与目标 …………………………………………………… 43

学习活动二　了解与熟悉工作任务 ································ 44

学习活动三　任务实施 ··· 44

学习活动四　工作总结与评价 ································· 48

学习活动五　技能拓展 ··· 52

学习任务七　万用表、钳形电流表的正确使用 ········· 53

学习活动一　明确工作任务与目标 ························· 53

学习活动二　了解与熟悉工作任务 ························· 54

学习活动三　任务实施 ··· 55

学习活动四　工作总结与评价 ································· 60

学习活动五　技能拓展 ··· 62

学习任务八　丫-△降压起动控制线路安装 ·············· 63

学习活动一　明确工作任务与目标 ························· 63

学习活动二　了解与熟悉工作任务 ························· 64

学习活动三　任务实施 ··· 65

学习活动四　工作总结与评价 ································· 66

学习活动五　技能拓展 ··· 69

学习任务九　自耦变压器降压起动控制线路安装 ······· 70

学习活动一　明确工作任务与目标 ························· 70

学习活动二　了解与熟悉工作任务 ························· 71

学习活动三　任务实施 ··· 71

学习活动四　工作总结与评价 ································· 73

学习活动五　技能拓展 ··· 75

学习任务十　绕线式异步电动机控制线路安装 ·········· 76

学习活动一　明确工作任务与目标 ························· 76

学习活动二　了解与熟悉工作任务 ························· 77

学习活动三　任务实施 ··· 77

学习活动四　工作总结与评价 ································· 79

学习活动五　技能拓展 ··· 81

附录 ·· 82

附录 A　电气安全管理 ··· 82

附录 B　电工上岗证考核模拟题库 ························· 90

学习任务一
荧光灯与两控一灯一插座控制线路安装

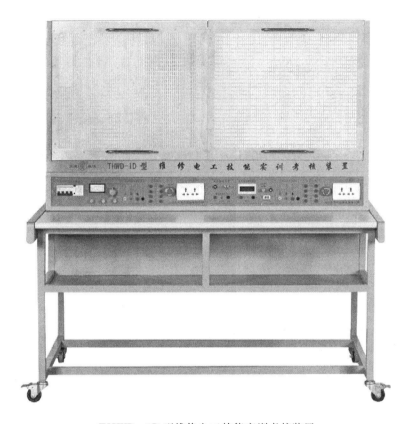

THWD-1D型维修电工技能实训考核装置

学习活动一　明确工作任务与目标

【工作任务】

荧光灯与两控一灯一插座控制线路安装。

【任务目标】

（1）荧光灯、两控一灯、一插座控制线路的正确安装。

（2）正确回答电路装置中的有关知识点。

【能力目标】

（1）能根据电气原理图正确选择元器件，并能判断元器件的好坏。
（2）能根据电气原理图选出元器件、进行布局，并能画出接线图。
（3）能根据电气原理图或接线图进行安装、接线。
（4）注意安全，严禁带电接、拆线。
（5）通电实验前，应认真检查，并确认无误。
（6）能掌握各元器件的作用、结构以及工作原理。
（7）能掌握各元器件的使用、注意安全事项。

学习活动二　了解与熟悉工作任务

【任务描述】

　　某工厂由于业务的发展，新增加了一个办公室，办公室采用荧光灯照明，需要用计算机办公，本办公室还有一个小仓库，要求在办公室与小仓库里都能打开与关闭小仓库里的灯。请你来安装本办公室的照明电路。

【任务流程】

　　本任务流程图如图1-1所示。

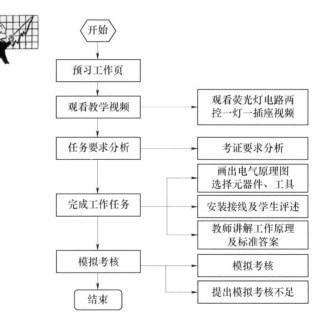

图1-1　任务流程图

2

学习活动三　任务实施

（1）观看荧光灯、两控一灯、一插座的教学视频。

（2）任务要求分析（考证要求分析）。

1）学生通过实训线路进行元器件的布局、安装，接线全部由学生自行完成，有利于培养学生的动手能力和操作技能。

2）正确识别电路装置中各元器件，并说出名称和符号。

3）正确讲解各元器件的作用、结构、工作原理以及选择要求。

4）正确讲解电路装置中各元器件的使用及安全事项。

5）注意安全操作，严禁带电接、拆线。

6）在20min内按要求完成接线，接线整齐，牢固可靠。

7）通电实验前，应该认真检查并确认无误。

（3）根据荧光灯、两控一灯、一插座控制线路的电气原理图，将它拆为荧光灯照明电路与两控一灯、一插座来进行练习。

1）请画出荧光灯照明电气原理图。

2）请画出两控一灯、一插座电气原理图。

（4）为完成工作任务，请你根据荧光灯、两控一灯、一插座控制线路的电气原理图列出材料领用清单（表1-1）。

表1-1　　　　　　　×电工操作证_____任务材料领用清单

序号	器材名称	规格型号	单位	申领数量	实发数量	归还时间	归还人签名	管理员签名	备注
1									
2									
3									
4									
5									
6									
7									
8									
9									
10									

（5）为完成工作任务，请你根据荧光灯、两控一灯、一插座控制线路的电气原理图列出借用工具清单（如表1-2所示）。

表 1 - 2　　　　　　　　　　×电工操作证_____任务借用工具清单

序号	名称	数量	规格	单位	借出时间	借用人签名	归还时间	归还人签名	管理员签名	备注

（6）请你根据工作任务及前面的电气原理图画出元器件的布局图。

（7）根据元器件的布局图对元器件及线槽进行安装。

（8）根据电气原理图学生开始接线，教师巡回指导。

（9）接线完成后，学生用万用表自检，自检无误后，在教师的监护下通电试车，教师提问。

1）电度表提问知识点（见表 1 - 3）。

表 1 - 3　　　　　　　　　　电 度 表 提 问 知 识 点

电度表结构		电度表电气符号	
电度表作用		电度表工作原理	
电度表的使用及注意事项			

2）漏电开关提问知识点（见表 1 - 4）。

表 1 - 4　　　　　　　　　　漏 电 开 关 提 问 知 识 点

漏电开关结构		漏电开关电气符号	
漏电开关作用		漏电开关工作原理	
漏电开关的使用及注意事项			

3）荧光灯提问知识点（见表 1 - 5）。

表 1 - 5　　　　　　　　　　荧 光 灯 提 问 知 识 点

荧光灯的组成		灯管的组成及原理	
辉光启动器的组成及原理		镇流器的组成及作用	
荧光灯的工作原理		荧光灯的使用及注意事项	

4）两控一灯及一插座提问知识点（见表 1 - 6）。

表 1-6　　　　　　　　　　　　　两控一灯及一插座提问知识点

两控一灯组成及电路符号		插座组成及电路符号	
两控一灯工作原理		两控一灯使用及注意事项	
插座的使用及注意事项			

（10）教师填写工作评价表。

1）评价表（见表 1-7）。

表 1-7　　　　　　　　　　　　　　　　　评价表

班级：_____　　　　　　　指导教师：_____

小组：_____

姓名：_____　　　　　　　日　　期：_____

评价项目	评 价 标 准	评价依据	评价方式			权重	得分小计
			学生自评 20%	小组互评 30%	教师评价 50%		
职业素养	（1）遵守企业规章制度、劳动纪律 （2）按时按质完成工作任务 （3）积极主动承担工作任务，勤学好问 （4）人身安全与设备安全 （5）工作岗位 6S 完成情况	（1）出勤 （2）工作态度 （3）劳动纪律 （4）团队协作精神				0.3	
专业能力	（1）根据电气原理图选择元器件 （2）根据选择的元器件进行布局设计 （3）会独立进行接线正确 （4）会独立进行检查与调试 （5）具有较强的信息分析处理能力	（1）操作的准确性和规范性 （2）工作页或项目技术总结完成情况 （3）专业技能任务完成情况				0.5	
创新能力	（1）在任务完成过程中能提出自己的有一定见解的方案 （2）在教学或生产管理上提出建议，具有创新性	（1）方案的可行性及意义 （2）建议的可行性				0.2	
合计							

2）学生自我评估与总结。

①你掌握了哪些知识点？

_____

_____

②你在安全、布局、接线、调试、问答过程中出现了哪些问题，如何解决的？

_____

_____

③你觉得你完成的任务中哪些地方做得比较好，哪些地方还需改进？（安全、接线、布局、问答）

_____

_____

④你有哪些还没掌握好，不够清楚的？

_____

_____

⑤说说你的心得体会。

_____

_____

3）小组评估与总结。

_____

_____

4）各小组对工作岗位进行"6S"管理。

在小组和教师都完成工作任务总结以后，各小组必须对自己的工作岗位进行"整理、整顿、清扫、清洁、安全、素养"；归还所借的工量具和实习工件。

5）教师评价（根据各小组学生完成任务的表现，给予综合评价，同时给出该工作任务的正确答案供学生参考，并讲解工作原理）。

_____

学习活动四　工作总结与评价

【模拟考试】

（1）教师指定一名学生为考评员。

（2）考评员根据电工操作证的要求进行模拟考试并在表 1-8 中打分。

考核项目：居民用电及荧光灯照明、两控一灯一插座线路接线。

表 1-8　　　　　　　　　　模 拟 考 试 表

姓名：　　　　　　　　　　　　　　　　　　　　　　准考证号：

序号	考 核 内 容 与 要 求	考核情况记录	评分标准	考生得分
1	（1）注意安全，严禁带电接、拆线 （2）在 20min 内，按要求完成接线操作 （3）通电实验前，应认真检查，并确认无误		15	
2	正确识别电路装置中各元器件，并说出名称和符号		5	
3	正确回答电路装置中有关元器件知识和注意的安全事项		5	
主考			总分	

考试日期：　　年　月　日　　　　　　　　　　　　考评员签名：

6

（3）考评员针对前考生的实际情况进行提问。

（4）考评员提出的改进建议。_____

_____

【相关知识】

（1）荧光灯照明与两控一灯一插座控制线路的电气原理图（见图1-2）。

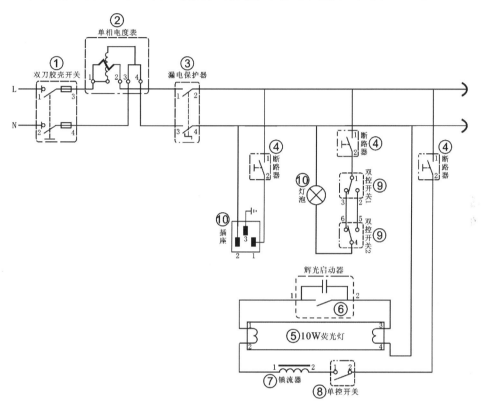

图1-2　荧光灯照明与两控一灯一插座电气原理图

（2）单相有功电度表。

1）作用：计量负载所消耗的用电量，它只计量有功电量，不能计量无功电量。

2）结构：主要由电压线圈、电流线圈、铝转盘、齿轮和计数器等组成。

3）工作原理：当电压线圈加上额定电压、电流线圈通入电流时，电压线圈和电流线圈所产生的磁通共同作用在铝盘上，使铝盘产生转动力矩而转动。

4）使用注意事项。

①必须垂直安装，倾斜安装会使电表产生误差，水平安装电表则不转。

②注意电表的进、出线接线必须正确。端子1（火线）、端子3（零线）、端子2（火线）、端子4（零线）。

③凡电量超过（任何一相的计算负荷电流）120A的，必须配装电流互感器。

④正确读数。读数方法：当前抄表时的表底数减去上次的表底数就是这一时间段内的

用电量。单位：度。1度＝1kW·h。

（3）漏电开关。

1）作用：凡所控制的线路或电气设备发生漏电时，能自动切断电源，以免发生设备或人身事故。

2）结构：由零序电流互感器、电流放大器和电磁脱扣器三大部分组成。

3）工作原理：当流进电路的电流不等于流出的电流时，在零序互感器的二次侧就产生感生电流，感生电流经电流放大器放大成足够大的电流去推动电磁脱扣器产生分闸动作，使漏电开关跳闸。

4）使用注意事项。

①新安装的漏电开关使用前应先经过漏电保护动作。

②使用时必须每个月进行一次漏电保护试验。

（4）荧光灯电路。

1）结构：由灯管、辉光启动器、镇流器、灯架、灯座等组成。

2）灯管：由玻璃管、灯丝、灯丝引出脚组成，荧光灯管的内壁涂有一层荧光粉，管内抽真空后充入适量惰性气体。光管在220V的电压下呈高阻状，不导通。起动时必须使灯丝预热后加高于额定电压3倍左右的电压才能击穿惰性气体导电。光管导通后，管内的电阻由高阻变为低阻，两端只需要加220V的电压都能使光管导通。

3）辉光启动器：由氖泡、小电容、引出脚等组成，氖泡内装有动触点和静触点（U形双金属片），辉光启动器起动时接通与断开电路的作用。光管启动后辉光启动器不再起作用。

4）镇流器：由铁心和电感线圈组成，作用是：

①起动时产生瞬间的高压脉冲。

②荧光灯正常工作时起稳定电流的作用。

③启动过程中，限制预热电流，防止预热电流过大而烧毁灯丝，而又保证灯丝具有热电发射能力。

（5）荧光灯的工作原理。

当接通电源时，由于灯管内呈高阻态，光管在220V的电压下不导通，此时电流回路是：电源、镇流器、灯丝的一端、辉光启动器、灯丝的另一端后回到零线，这时灯丝预热，辉光启动器因承受了220V的电源电压而辉光放电，使U形双金属片受热变形后接通，电路构成回路，接通后U形双金属片由于辉光放电结束而冷却，与固定触头分离，使电路突然断开。在此瞬间，镇流器产生的较高感应电压与电源电压一齐（400～600V）加在灯管的两端，迫使管内发生弧光放电而发光。灯管点燃后，由于镇流器的限流作用，灯管两端的电压较低（30W灯管约100V），而辉光启动器与灯管并联，较低的电压不能使辉光启动器再次动作。

（6）接线注意事项：火线必须进开关、镇流器。

（7）双联开关注意事项：火线必须进开关，双联开关的中点不要接错。

（8）插座的注意事项：接线必须是左零右火，上面为PE线，且不受灯开关的控制。

学习活动五　技能拓展

（1）如果按照工艺要求来接线应当注意什么？

（2）电气符号大全（工作任务资料）。

（3）元器件安装参考图（见图1-3）。

图1-3　元器件安装参考图

学习任务二
三相四线电度表带互感器的安装

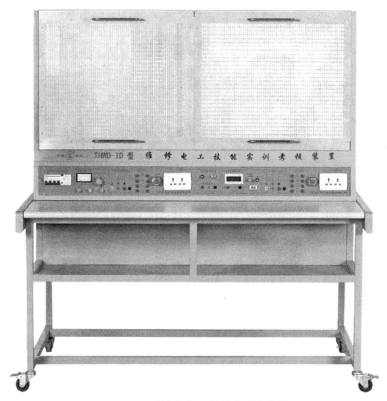

THWD-1D 型维修电工技能实训考核装置

学习活动一　明确工作任务与目标

【工作任务】

三相四线电度表带互感器的安装。

【任务目标】

（1）三相四线电度表带互感器的正确安装。

（2）正确回答电路装置中的有关知识点。

【能力目标】

（1）能根据电气原理图正确选择元器件，并能判断元器件的好坏。

（2）能根据电气原理图选出的元器件进行布局，并能画出接线图。

（3）能根据电气原理图或接线图进行接线。

（4）注意安全，严禁带电接、拆线。

（5）通电实验前，应认真检查，并确认无误。

（6）能掌握各元器件的使用及安全事项。

学习活动二　了解与熟悉工作任务

【任务描述】

某工厂效益越来越差，为了达到独立核算的目的，董事会决定每一个车间加装电度表，且任务交给你来完成。

【任务流程】

本任务流程如图 2-1 所示。

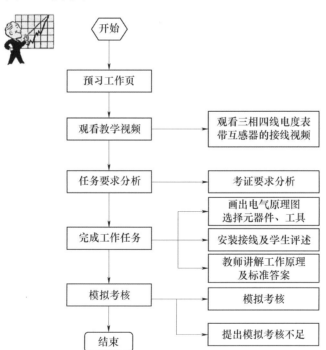

图 2-1　任务流程图

学习活动三　　任务实施

（1）观看三相四线电度表带互感器安装的教学视频。

（2）任务分析（考证要求分析）。

1）学生通过实训线路进行元器件的布局、安装，接线全部由学生自行完成，以利于培养学生的动手能力和操作技能。

2）正确识别电路装置中各元器件，并说出名称和符号。

3）正确讲解各元器件的作用、结构及工作原理。

4）正确讲解电路装置中各元器件的使用及安全事项。

5）注意安全，严禁带电接、拆线。

6）在 20min 内按要求完成接线操作。

7）通电实验前，应认真检查，并确认无误。

（3）画出三相四线电度表带互感器的接线的电气原理图。

（4）为完成工作任务，请你根据三相四线电度表带互感器的接线的电气原理图，列出材料领用清单（见表 2-1）。

表 2-1　　　　　　　　×电工操作证_____任务材料领用清单

序号	器材名称	规格型号	单位	申领数量	实发数量	归还时间	归还人签名	管理员签名	备注
1									
2									
3									
4									
5									
6									
7									
8									
9									
10									

（5）为完成工作任务，请你根据三相四线电度表带互感器的接线的电气原理图，列出借用工具清单（见表 2-2）。

表2-2　　　　　　　　×电工操作证_____任务借用工具清单

序号	名称	数量	规格	单位	借出时间	借用人签名	归还时间	归还人签名	管理员签名	备注

（6）根据工作任务及前面的电气原理图画出元器件的布局图。

（7）根据元器件的布局图对元器件及线槽（或线管）进行安装。

（8）根据电气原理图学生开始接线，教师巡回指导。

（9）接线完成后，学生用万用表自检，自检无误后，在教师的监护下通电试车，教师提问：

1）电流互感器提问知识点（见表2-3）。

表2-3　　　　　　　　　　　　电流互感器提问知识点

电流互感器的作用	
电流互感器的结构	
电流互感器的电路符号	
电流互感器的工作原理	
电流互感器使用及注意事项	
如何正解选择电流互感器	

2）三相闸刀提问知识点（见表2-4）。

表2-4　　　　　　　　　　　　三相闸刀提问知识点

三相闸刀的结构	
三相闸刀的作用	
三相闸刀的使用及注意事项	
三相闸刀的电气符号	
三相闸刀的工作原理	
如何正解选择三相闸刀	

3）三相有功电度表提问知识点（见表2-5）。

表 2-5 三相有功电度表提问知识点

三相有功电度表的作用	
三相有功电度表的结构	
三相有功电度表的电路符号	
三相有功电度表的工作原理	
三相有功电度表的使用注意事项	
怎样正确选择三相有功电度表	

（10）教师提问完成后填写工作评价表。

1）评价表（见表 2-6）。

表 2-6 评价表

班级：_____
小组：_____
姓名：_____

指导教师：_____

日　　期：_____

评价项目	评价标准	评价依据	评价方式			权重	得分小计
			学生自评 20%	小组互评 30%	教师评价 50%		
职业素养	（1）遵守企业规章制度、劳动纪律 （2）按时按质完成工作任务 （3）积极主动承担工作任务，勤学好问 （4）人身安全与设备安全 （5）工作岗位 6S 完成情况	（1）出勤 （2）工作态度 （3）劳动纪律 （4）团队协作精神				0.3	
专业能力	（1）根据电气原理图选择元器件 （2）根据选择的元器件进行布局设计 （3）会独立进行接线正确 （4）会独立进行检查与调试 （5）具有较强的信息分析处理能力	（1）操作的准确性和规范性 （2）工作页或项目技术总结完成情况 （3）专业技能任务完成情况				0.5	
创新能力	（1）在任务完成过程中能提出自己的有一定见解的方案 （2）在教学或生产管理上提出建议，具有创新性	（1）方案的可行性及意义 （2）建议的可行性				0.2	
合计							

2）学生自我评估与总结。

①你掌握了哪些知识点？

_____

_____

②你在安全、布局、接线、调试、问答过程中出现了哪些问题，如何解决的？

_____

_____

③你觉得你完成的任务中哪些地方做得比较好，哪些地方还需改进？（安全、接线、布局、问答）。

_____

_____

④你有哪些还没掌握好，不够清楚的？

_____

_____

⑤说说你的心得体会。

_____

_____

3）小组评估与总结。

_____

_____

4）各小组对工作岗位的"6S"管理。

在小组和教师都完成工作任务总结以后，各小组必须对自己的工作岗位进行"整理、整顿、清扫、清洁、安全、素养"，归还所借的工量具和实习工件。

5）教师评价（根据各小组学生完成任务的表现给予综合评价，同时给出该工作任务的正确答案供学生参考）并讲解工作原理。

_____

_____

学习活动四 工作总结与评价

【模拟考试】

（1）教师指定一名学生为考评员。

（2）考评员根据电工操作证的要求进行模拟考试，并在表2-7中打分。

考核项目：三相四线电度表带电流互感器的接线。

表 2-7　　　　　　　　　　　模 拟 考 试 表

姓名：　　　　　　　　　　　　　　　　　　　　　　　准考证号：

序号	考 核 内 容 与 要 求	考核情况记录	评分标准	考生得分
1	（1）注意安全，严禁带电接、拆线 （2）在 20min 内按要求完成接线操作 （3）通电实验前，应认真检查，并确认无误		15	
2	正确识别电路装置中各元器件，并说出名称和符号		5	
3	正确回答电路装置中有关元器件知识和注意的安全事项		5	
主考			总分	

考试日期：　　年　月　日　　　　　　　　　　　　　　考评员签名：

（3）考评员针对前考生的实际情况并准备提问的问题。

（4）考评员提出的改进建议。

【相关知识】

（1）三相四线电度表带互感器的接线的电气原理图（如图 2-2 所示）。

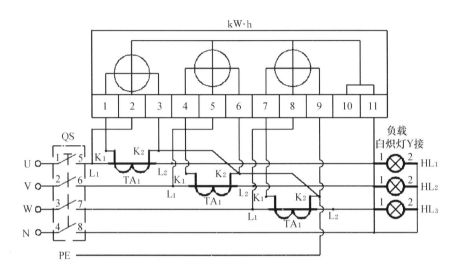

图 2-2　三相四线电度表带互感器电气原理图

（2）三相有功电度表。

1）作用：计量三相不平衡负载的用电量。单位：度。所计量的用电量是三相负载的用电量。

2）结构和工作原理：主要由电压线圈、电流线圈、铝转盘、齿轮和计数器等组成。其与单相电度表的区别是它由三个单相电度表组件组合而成。

3）电度表使用的注意事项。

①选择电度表时注意电度表的额定电压、额定电流是否合适。

②电度表应垂直安装，安装时表箱底部对地面的垂直距离一般为 1.7～1.9m。若上下两列布置，上列表箱对地面高度不应超过 2.1m。

③三相电度表应按正相序接线，经电流互感器接线者极性必须正确，互感器的二次线圈和外壳必须接地。

④凡经电流互感器接入电表，其读数要乘以互感器的变流比才是实际读数值。

（3）电流互感器。

1）作用：将主回路的电流按比例变小给电度表计量。

2）结构：由铁心和副边线圈组成。原边为一次侧，有两个接线端 L_1 和 L_2，L_1 为进线端，L_2 为出线端。副边为二次侧，有两个接线端 K_1 和 K_2，K_1 接电度表电流接线柱的第一个端子，K_2 接电度表电流接线柱的第二个端子，不可接错。

3）工作原理：它相当于一个升压变压器，当原边流过大电流时，副边所感应的是按一定比例缩小的电流。缩小的比例为变比，变比为 K，如 $K=30/5$，表示当原边通过的电流为 30A 时副边感应的电流为 5A，变比为 6，即将主电路的电流变小了 6 倍。

4）使用注意事项。

①电流互感器的外壳和铁心都必须可靠接地。

②工作时副边不能开路。

电度表读数：（当月的底数－上次的表底数）×变比＝用电量。

学习活动五　技能拓展

（1）此电路适用于什么样的负载？为什么要带电流互感器？

（2）电度表在什么情况下要带互感器？

（3）互感器副边工作时为什么不能开路？铁壳和外壳为什么要接地？

（4）此电路接线时应当注意什么？如果 K_1、K_2 或 L_1、L_2 接错会出现什么样的情况？

（5）电度表的安装要求是什么？

（6）如何选择电度表、电流互感器？

（7）电气符号见工作任务资料。

（8）元器件安装参考图（图 2-3）。

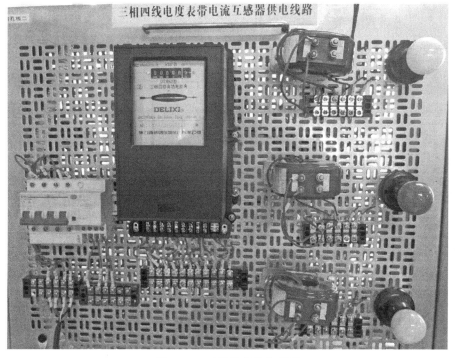

图 2-3　元器件安装参考图

学习任务三

电动机点动—连续控制线路安装

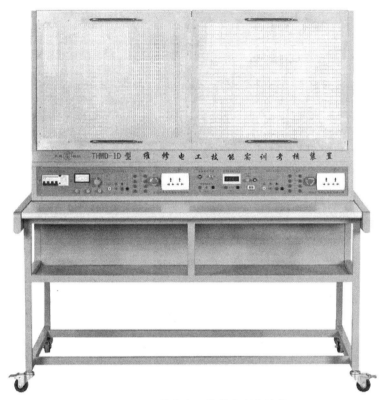

THWD-1D 型维修电工技能实训考核装置

学习活动一　明确工作任务与目标

【工作任务】

电动机点动、连续控制线路安装。

【任务目标】

（1）电动机点动、连续控制线路的正确安装。

（2）按考核要求回答相关知识。

【能力目标】

(1) 能根据电气原理图正确选择元器件,并能判断元器件的好坏。

(2) 能根据电气原理图选出的元器件来进行布局,并能画出接线图。

(3) 能根据电气原理图或接线图进行接线。

(4) 能掌握各元器件的作用、结构及工作原理。

(5) 能掌握各元器件的使用及安全事项。

学习活动二 了解与熟悉工作任务

【任务描述】

某工厂有一台 4.5kW 的三相异步电动机拖动的水泵,要求此水泵能完成点动启动、连续运行等功能,请你安装此电路。

【任务流程】

本任务流程如图 3-1 所示。

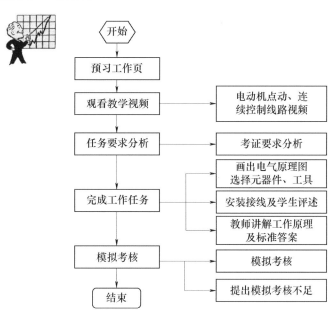

图 3-1 任务流程图

学习活动三 任务实施

(1) 观看电动机点动、连续控制线路教学视频。

19

（2）任务要求。

1）学生通过实训线路进行元器件的布局安装，接线全部由学生自行完成，有利于培养学生的动手能力和操作技能。

2）注意安全操作，严禁带电接、拆线。

3）在 20min 内，按要求完成接线，接线整齐，牢固可靠。

4）通电实验前，应该认真检查并确认无误。

5）正确理解电路装置中各组件的名称与作用。

6）相关电器组件选择与要求。

7）正确讲解电路装置中各元器件的使用及安全事项。

（3）请画出电动机点动、连续控制线路的电气原理图。

（4）为完成工作任务，请你根据电动机点动、连续控制线路的电气原理图列出材料领用清单（见表 3-1）。

表 3-1 　　　　　　　　×电工操作证_____任务材料领用清单

序号	器材名称	规格型号	单位	申领数量	实发数量	归还时间	归还人签名	管理员签名	备注
1									
2									
3									
4									
5									
6									
7									
8									
9									
10									

（5）为完成工作任务，请你根据电动机点动、连续控制线路的电气原理图列出借用工具清单（见表 3-2）。

表 3-2 　　　　　　　　×电工操作证_____任务借用工具清单

序号	名称	数量	规格	单位	借出时间	借用人签名	归还时间	归还人签名	管理员签名	备注

（6）根据工作任务要求及前面的电气原理图画出元器件的布局图。

（7）根据元器件的布局图将电气原理图改为自己的接线图（见图 3 - 2）。

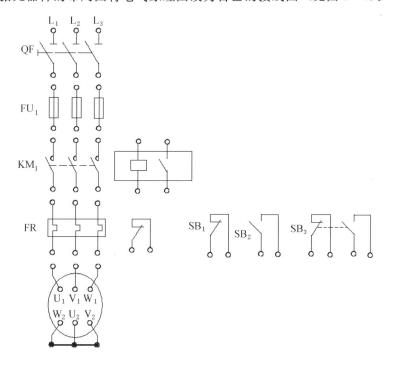

图 3 - 2　电气原理图

（8）根据元器件的布局图对元器件及线槽进行安装。

（9）根据电气原理图学生开始安装接线，教师巡回指导。

（10）接线完成后，学生用万用表自检，自检无误后，在教师的监护下通电试车，教师提问。

1）电源开关或隔离开关知识点（见表 3 - 3）。

表 3 - 3　　　　　　　　　　电源开关或隔离开关知识点

字母表示		电气符号	
作　　用		如何选择	

2）熔断器知识点（见表 3 - 4）。

表 3 - 4　　　　　　　　　　熔 断 器 知 识 点

字母表示		名称	
电气符号		作用	
如何选择			

21

3) 热继电器知识点（见表 3-5）。

表 3-5　　　　　　　　　　　　　　　热 继 电 器 知 识 点

字母表示		作用	
电气符号		动作原理	
整定电流的选择		整定电流调节	

（11）教师填写工作评价表。

1）评价表（见表 3-6）。

表 3-6　　　　　　　　　　　　　　　评价表

班级：_____　　　　　　指导教师：_____
小组：_____
姓名：_____　　　　　　日　　期：_____

评价项目	评价标准	评价依据	评价方式			权重	得分小计
			学生自评 20%	小组互评 30%	教师评价 50%		
职业素养	（1）遵守企业规章制度、劳动纪律 （2）按时按质完成工作任务 （3）积极主动承担工作任务，勤学好问 （4）人身安全与设备安全 （5）工作岗位 6S 完成情况	（1）出勤 （2）工作态度 （3）劳动纪律 （4）团队协作精神				0.3	
专业能力	（1）根据电气原理图选择元器件 （2）根据选择的元器件进行布局设计 （3）会独立进行接线正确 （4）会独立进行检查与调试 （5）具有较强的信息分析处理能力	（1）操作的准确性和规范性 （2）工作页或项目技术总结完成情况 （3）专业技能任务完成情况				0.5	
创新能力	（1）在任务完成过程中能提出自己的有一定见解的方案 （2）在教学或生产管理上提出建议，具有创新性	（1）方案的可行性及意义 （2）建议的可行性				0.2	
合计							

2）学生自我评估与总结。

①你掌握了哪些知识点？

_____

_____

②你在安全、布局、接线、调试、问答过程中出现了哪些问题，如何解决的？

_____

_____

③你觉得你完成的任务中哪些地方做得比较好，哪些地方还需改进（安全、接线、布局、问答）？

_____

_____

④你有哪些还没掌握好，不够清楚的？

_____

_____

⑤说说你的心得体会。

_____

_____

3）各小组对工作岗位的"6S"管理。

在小组和教师都完成工作任务总结以后，各小组必须对自己的工作岗位进行"整理、整顿、清扫、清洁、安全、素养"，归还所借的工量具和实习工件。

4）教师评价（根据各小组学生完成任务的表现给予综合评价，同时给出该工作任务的正确答案供学生参考）并讲解工作原理。

_____

_____

学习活动四　工作总结与评价

【模拟考试】

（1）教师指定一名学生为考评员。

（2）考评员根据电工操作证的要求进行模拟考试并在表3-7中打分。

考核项目：电动机点动、连续控制线路的电气原理图。

表 3-7　　　　　　　　模 拟 考 试 表

姓名：　　　　　　　　　　　　　　　　　　　　　　　准考证号：

序号	考核内容与要求	考核情况记录	评分标准	考生得分
1	（1）注意安全，严禁带电接、拆线 （2）在20min内，按要求完成接线操作 （3）通电实验前，应认真检查，并确认无误		15	
2	正确识别电路装置中各元器件，并说出名称和符号		5	
3	正确回答电路装置中有关元器件知识和注意的安全事项		5	
主考			总分	

考试日期：　　年　月　日　　　　　　　　　　　　　考评员签名：

（3）考评员针对前考生的实际情况进行提问。

（4）考评员提出的改进建议。_____

_____

【相关知识】

（1）电动机点动、连续控制线路的电气原理图（见图 3-3）。

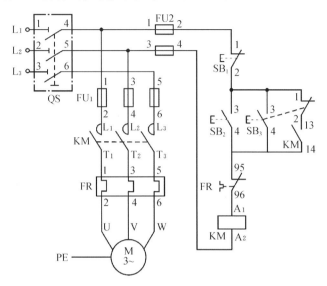

图 3-3　电动机点动、连续控制线路的电气原理图

（2）电源开关或隔离开关。

1）字母表示：QS。

2）作用：当电路在不工作时或在检修时将开关断开，使电路与电源可靠地隔离开来。这样，电路在不工作时或在检修时不带电，从而保证电气维修人员的人身安全。

3）如何选择电源开关。

（3）熔断器。

1）字母表示：FU。

2）名称：FU 叫熔断器（人们习惯上称为保险丝）。

3）作用：在电路中起短路保护作用。

4）如何选择。根据电机额定电流的 1.5～2.5 倍来选择。至于系数大小的选取，电动机较大，实际起动时间较长，则系数选大一点；如电动机较小，起动时间较短，则系数选小一点。

（4）热继电器

1）字母表示：FR。

2）作用。在电路中主要起过流（过载）保护。当线路过流时，热继电器的常闭断开，从而断开控制电路的电源，使主电路断电来达到保护负载的目的。

3）FR 的动作原理。当电路过载或过流时必然会引起电路电流增大，当电流超过整定电流时，热继电器的双金属片发热后变形弯曲，从而推动联杆机构使常闭触点断开。由于 FR 的常闭触点与控制电路串联，当 FR 的常闭触点断开时即断开控制电路的电源，使接触器断电，负载断电。

4）热继电器的整定电流。是指热继电器长期不动作的最大电流。超过此值时就会发生动作。

5）怎样调节热继电器的整定电流。旋转刻有整定电流值的整定旋钮，将整定电流的对应值对准刻度线即可。

学习活动五　技能拓展

（1）按照工艺要求来接线应当注意什么？

（2）元器件安装参考图（见图 3－4）。

图 3－4　元器件安装参考图

学习任务四
单向两地控制线路安装

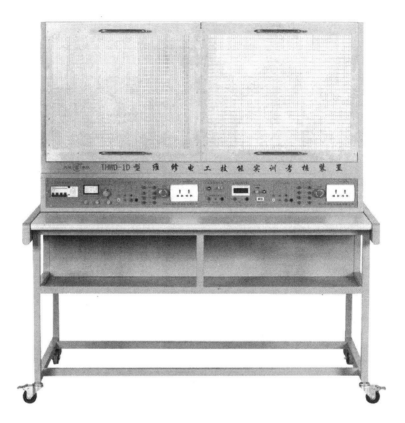

THWD-1D 型维修电工技能实训考核装置

学习活动一　明确工作任务与目标

【工作任务】

电动机单向两地控制线路安装。

【任务目标】

（1）电动机单向两地控制线路的正确安装。

（2）按考核要求回答问题。

【能力目标】

（1）能根据电气原理图正确选择元器件，并能判断元器件的好坏。
（2）能根据电气原理图对元器件进行布局，并画出接线图。
（3）能根据电气原理图或接线图进行接线。
（4）通电实验前应认真检查，确认无误。
（5）掌握各元器件的作用、结构及工作原理。
（6）能掌握各元器件安全使用的注意事项。

学习活动二　了解与熟悉工作任务

【任务描述】

现某工厂有一台三相异步电动机需单向运转，但要求能在办公室与工作现场两个地方均可进行启动与停止操作，请你来安装此电路。

【任务流程】

本任务流程如图 4-1 所示。

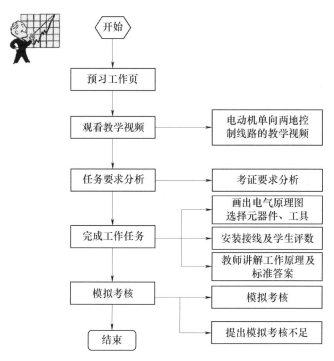

图 4-1　任务流程图

学习活动三 任务实施

（1）观看电动机单向运转两地控制线路教学视频。

（2）任务要求分析（考证要求分析）。

1）为培养学生的动手能力及操作技能。实训中，由学生自行完成线路元器件的布局、安装与接线。

2）正确识别电路装置中的各元器件；写出元器件名称及画出电气符号。

3）正确讲解各元器件的作用、结构及工作原理；元器件选择标准及安装要求。

4）正确讲解电路装置中各元器件使用时要注意的安全事项。

5）安全操作，严禁带电对线路进行接、拆线。

6）按要求，在20min内完成接线；接线布局合理整齐，牢固可靠。

7）通电实验前，对线路进行认真检查，确认无误。

（3）请你画出三相异步电动机单向两地控制线路的电气原理图。

（4）为完成工作任务，请你根据电动机单向两地控制线路的电气原理图列出材料领用清单（见表4-1）。

表4-1　　　　　　　　×电工操作证_____任务材料领用清单

序号	器材名称	规格型号	单位	申领数量	实发数量	归还时间	归还人签名	管理员签名	备注
1									
2									
3									
4									
5									
6									
7									
8									
9									
10									

（5）为完成工作任务，请你根据电动机单向两地控制线路的电气原理图列出工具领用清单（见表4-2）。

表 4 - 2　　　　　　　　×电工操作证_____任务借用工具清单

序号	名称	数量	规格	单位	借出时间	借用人签名	归还时间	归还人签名	管理员签名	备注

（6）请你结合工作任务及电气原理图，画出元器件的布局图。

（7）根据元器件的布局，对元器件及线槽进行安装。

（8）根据元器件的布局图把电气原理图改成自己的接线图（如图 4 - 2 所示）。

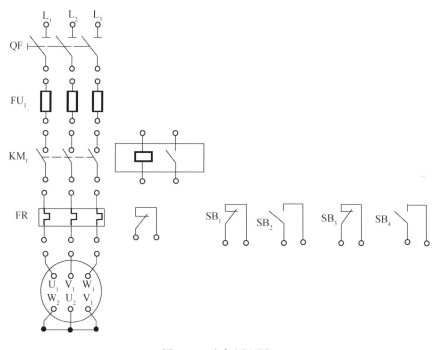

图 4 - 2　电气原理图

（9）根据电气原理图，学生进行安装接线，教师巡回指导。

（10）接线完成后，学生使用万用表进行自检，自检无误后，在教师的监护下通电试车。教师提问。

1）交流接触器提问知识点（见表 4 - 3）。

表 4 - 3   交流接触器提问知识点

字母表示		电气符号	
安装注意事项		如何选择	

2）按钮提问知识点（见表 4 - 4）。

表 4 - 4   按 钮 提 问 知 识 点

字母表示		名称	
电气符号		作用	
如何选择			

（11）教师填写工作评价表。

1）评价表（见表 4 - 5）。

表 4 - 5   评价表

班级：_____   指导教师：_____

小组：_____

姓名：_____   日　　期：_____

评价项目	评价标准	评价依据	评价方式			权重	得分小计
			学生自评 20%	小组互评 30%	教师评价 50%		
职业素养	（1）遵守企业规章制度、劳动纪律 （2）按时、按质完成工作任务 （3）积极主动承担工作任务，勤学好问 （4）人身安全及设备安全 （5）工作岗位 6S 完成情况	（1）出勤 （2）工作态度 （3）劳动纪律 （4）团队协作精神				0.3	
专业能力	（1）根据电气原理图选择元器件 （2）根据元器件进行布局设计 （3）独立进行正确的安装接线 （4）对线路进行检查、调试 （5）具有较强的信息分析处理能力	（1）操作的准确性和规范性 （2）工作页或项目技术总结完成情况 （3）专业技能任务完成情况				0.5	
创新能力	（1）任务完成过程中能提出自己的有一定见解的方案 （2）在教学或生产管理上提出建议，具有创新性	（1）方案的可行性及意义 （2）建议的可行性				0.2	
合计							

2）学生自我评估与总结。

①你掌握了哪些知识点？

_____

_____

②你在安全、布局、接线、调试、问答过程中出现了哪些问题，如何解决的？

_____

_____

③你觉得完成的任务中哪些地方做得比较好，哪些地方需要改进（安全、接线、布局、问答）？

_____

_____

④你有哪些还没掌握好，不够清楚的？

_____

_____

⑤说说你的心得体会。

_____

_____

3）小组评估与总结。

_____

_____

4）各小组对工作岗位进行"6S"管理。

小组及教师完成工作任务总结后，各小组必须对自己的工作岗位进行"整理、整顿、清扫、清洁、安全、素养"6S管理，归还领用的工具和实习工件。

5）教师评价（根据各小组学生完成任务的表现，给予综合评价，同时给出该工作任务的正确答案供学生参考），讲解工作原理。

_____

_____

学习活动四　工作总结与评价

【模拟考试】

（1）教师指定一名考评员。

（2）考评员根据电工操作证的要求进行模拟考试并在表4-6中打分。

考核项目：电动机单向两地控制线路。

（3）考评员针对前考生的实际情况并准备提问的问题。

表 4-6   模 拟 考 试 表

姓名：   准考证号：

序号	考核内容与要求	考核情况记录	评分标准	考生得分
1	（1）注意安全，严禁带电接、拆线 （2）在 20min 内，按要求完成接线操作 （3）通电实验前，应认真检查，并确认无误		15	
2	正确识别电路装置中各元器件，并说出名称和符号。		5	
3	正确回答电路装置中有关元器件知识和注意的安全事项。		5	
主考			总分	

考试日期：   年 月 日   考评员签名：

（4）考评员提出的改进建议。

_____

_____

【相关知识】

（1）电动机单向两地控制线路电气原理图（如图 4-3 所示）。

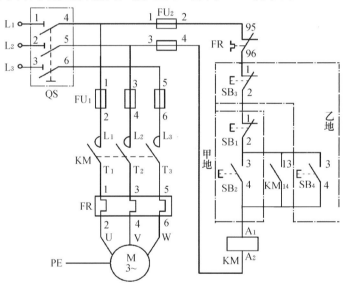

图 4-3 电动机单向两地控制线路电气原理图

（2）交流接触器。

1）交流接触器的结构。

①电磁系统。

②触头系统。

③灭弧系统。

④辅助部件。

2）交流接触器符号（见图 4-4）。

线圈　　主触头　　辅助常开触头　　辅助常闭触头

图 4-4　交流接触器符号

3）交流接触器的选择。

①根据电源选择接触器的类型。通常交流负载选用交流接触器，直流负载选用直流接触器。

②选择接触器主触头的额定电压。接触器主触头的额定电压应大于或等于所控制线路的额定电压。

③选择接触器主触头的额定电流。接触器主触头的额定电流应大于或等于负载额定电流的 1.3～1.4 倍。

④选择接触器线圈的额定电压。根据负载电压选择接触器线圈的额定电压；通常当控制线路简单时，可直接选用 380V 或 220V 的电压 。若线路比较复杂时，可选用 36V 或 110V 电压的线圈。

⑤选择接触器触头的数量与种类。

4）接触器的安装。

①交流接触器应安装在垂直面上，倾斜度不得超过 5°。

②安装和接线时注意不要将零件掉入接触器内部。

③安装完毕，检查接线正确无误后，在主触头不带电的情况下操作几次，测量产品的动作与释放值。

（3）按钮。

1）按钮的结构。一般由按钮帽、复位弹簧、桥式动触点、静触点、支柱连杆及外壳等几部分组成。

2）根据按钮触头分合状态分为：

①启动按钮（常开按钮）。

②停止按钮（常闭按钮）。

③复合按钮（常开、常闭触头组合为一体的按钮）。

3）按钮的颜色含义：

①红色——紧急。

②黄色——异常。

③绿色——正常。

④蓝色——强制。

⑤白色、灰色、黑色——除红色以外的其他颜色含义。

学习活动五　技能拓展

（1）如果要将此电路改为三地控制，电路如何改装？

33

（2）元器件安装参考图（见图 4-5）。

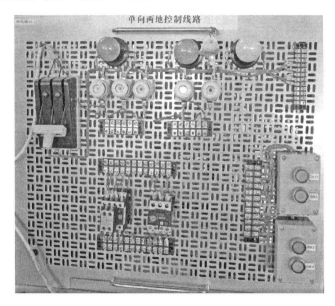

图 4-5　元器件安装参考图

学习任务五

双重联锁正、反转控制线路安装

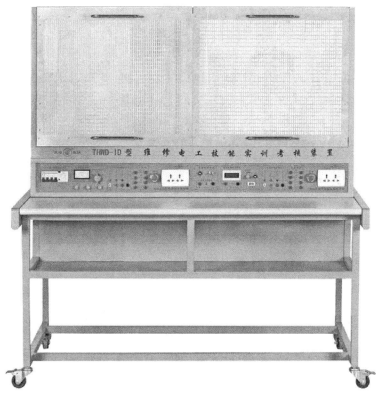

THWD-1D型维修电工技能实训考核装置

学习活动一　明确工作任务与目标

【工作任务】

双重联锁正、反转控制线路安装。

【任务目标】

（1）双重联锁正、反转控制线路的正确安装。

（2）按考核要求正确回答相关问题。

【能力目标】

（1）能根据电气原理图正确选择元器件，并能判断元器件的好坏。

（2）能根据电气原理图选出的元器件来进行布局，并能画出接线图。

（3）能根据电气原理图或接线图进行接线。

（4）注意安全，严禁带电接、拆线。

（5）通电实验前，应认真检查，并确认无误。

（6）能掌握各元器件的作用、结构及工作原理。

（7）能掌握各元器件的使用及安全事项。

学习活动二　了解与熟悉工作任务

【任务描述】

我校的校门原来是人工开门，现在想改成自动电动门，机械部分已经安装好，电气部分请你来进行安装。

【任务流程】

本任务流程如图5-1所示。

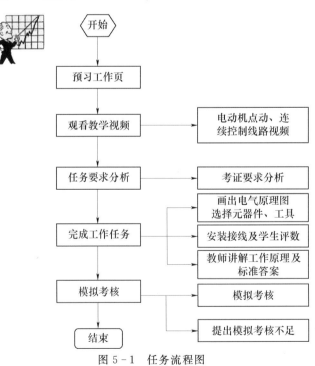

图5-1　任务流程图

学习活动三 任务实施

（1）观看电动机点动、连续控制线路教学视频。

（2）任务要求。

1）学生通过实训线路进行元器件的布局安装，接线全部由学生自行完成，有利于培养学生的动手能力和操作技能。

2）注意安全操作，严禁带电接、拆线。

3）在 20min 内，按要求完成接线，接线整齐，牢固可靠。

4）通电实验前，应该认真检查并确认无误。

5）正确理解电路装置中各组件的名称与作用。

6）相关电器组件选择与要求。

7）正确讲解电路装置中各元器件的使用及安全事项。

（3）画出双重联锁正、反转控制线路的电气原理图。

（4）为完成工作任务，请你根据双重联锁正、反转控制线路的电气原理图列出材料领用清单（见表 5-1）。

表 5-1　　　　　　　×电工操作证_____任务材料领用清单

序号	器材名称	规格型号	单位	申领数量	实发数量	归还时间	归还人签名	管理员签名	备注
1									
2									
3									
4									
5									
6									
7									
8									
9									
10									

（5）为完成工作任务，请你根据双重联锁正、反转控制线路的电气原理图列出借用工具清单（见表 5-2）。

表 5 - 2　　　　　　　　　×电工操作证_____任务借用工具清单

序号	名称	数量	规格	单位	借出时间	借用人签名	归还时间	归还人签名	管理员签名	备注

（6）根据工作任务要求及前面的电气原理图，请你画出元器件的布局图。

（7）根据元器件的布局图对元器件及线槽进行安装。

（8）根据元器件的布局图将电气原理图改为自己的接线图（如图 5 - 2 所示）。

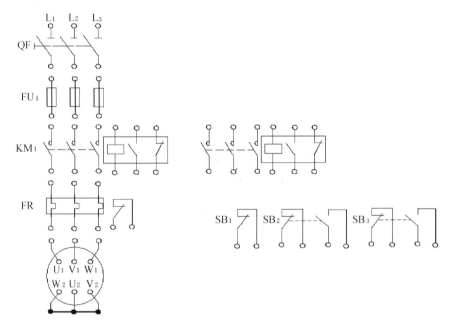

图 5 - 2　电气原理图

（9）根据电气原理图学生开始接线，教师巡回指导。

（10）接线完成后，学生用万用表自检，自检无误后，在教师的监护下通电试车，教师提问。

断路器提问知识点见表 5 - 3。

表 5 - 3　　　　　　　　　　　　断 路 器 提 问 知 识 点

字母表示		名称	
电气符号		作用	
如何选择			

38

（11）教师填写工作评价表。

1）评价表（见表 5-4）。

表 5-4　　　　　　　　　　　　　　评价表

班级：＿＿＿＿＿＿＿			指导教师：＿＿＿＿＿＿＿				
小组：＿＿＿＿＿＿＿							
姓名：＿＿＿＿＿＿＿			日　　期：＿＿＿＿＿＿＿				

| 评价项目 | 评价标准 | 评价依据 | 评价方式 | | | 权重 | 得分小计 |
			学生自评 20%	小组互评 30%	教师评价 50%		
职业素养	(1) 遵守企业规章制度、劳动纪律 (2) 按时按质完成工作任务 (3) 积极主动承担工作任务，勤学好问 (4) 人身安全与设备安全 (5) 工作岗位 6S 完成情况	(1) 出勤 (2) 工作态度 (3) 劳动纪律 (4) 团队协作精神				0.3	
专业能力	(1) 根据电气原理图选择元器件 (2) 根据选择的元器件进行布局设计 (3) 会独立进行接线正确 (4) 会独立进行检查与调试 (5) 具有较强的信息分析处理能力	(1) 操作的准确性和规范性 (2) 工作页或项目技术总结完成情况 (3) 专业技能任务完成情况				0.5	
创新能力	(1) 在任务完成过程中能提出自己的有一定见解的方案 (2) 在教学或生产管理上提出建议，具有创新性	(1) 方案的可行性及意义 (2) 建议的可行性				0.2	
合计							

2）学生自我评估与总结。

①你掌握了哪些知识点？

＿＿＿＿＿＿＿＿＿＿＿＿＿＿＿＿＿＿＿＿＿＿＿＿＿＿＿＿＿＿＿＿＿＿＿＿＿＿

②你在安全、布局、接线、调试、问答过程中出现了哪些问题，如何解决的？

＿＿＿＿＿＿＿＿＿＿＿＿＿＿＿＿＿＿＿＿＿＿＿＿＿＿＿＿＿＿＿＿＿＿＿＿＿＿

③你觉得你完成的任务中哪些地方做得比较好，哪些地方还需改进（安全、接线、布局、问答）？

＿＿＿＿＿＿＿＿＿＿＿＿＿＿＿＿＿＿＿＿＿＿＿＿＿＿＿＿＿＿＿＿＿＿＿＿＿＿

④你有哪些还没掌握好，不够清楚的？

＿＿＿＿＿＿＿＿＿＿＿＿＿＿＿＿＿＿＿＿＿＿＿＿＿＿＿＿＿＿＿＿＿＿＿＿＿＿

⑤说说你的心得体会。

_____

_____

3）小组评估与总结。

_____

_____

4）各小组对工作岗位的"6S"管理。

在小组和教师都完成工作任务总结以后，各小组必须对自己的工作岗位进行"整理、整顿、清扫、清洁、安全、素养"，归还所借的工量具和实习工件。

5）教师评价（根据各小组学生完成任务的表现，给予综合评价，同时给出该工作任务的正确答案供学生参考）并讲解工作原理。

_____

_____

学习活动四 工作总结与评价

【模拟考试】

（1）教师指定一名考评员。

（2）考评员根据电工操作证的要求进行模拟考试，并在表5-5中打分。

考核项目：双重联锁正、反转控制线路的安装。

表 5 - 5　　　　　　　　　模 拟 考 试 表

姓名：　　　　　　　　　　　　　　　　　　　　　　　　　　　　　准考证号：

序号	考核内容与要求	考核情况记录	评分标准	考生得分
1	（1）注意安全，严禁带电接、拆线 （2）在20min内，按要求完成接线操作 （3）通电实验前，应认真检查，并确认无误		15	
2	正确识别电路装置中各元器件，并说出名称和符号		5	
3	正确回答电路装置中有关元器件知识和注意的安全事项		5	
主考			总分	

考试日期：　　　年　月　日　　　　　　　　　　　　　　　考评员签名：

（3）考评员针对前考生的实际情况进行提问。

（4）考评员提出的改进建议。

_____

_____

【相关知识】

（1）双重联锁正、反转控制线路的电气原理图（如图5-3所示）。

40

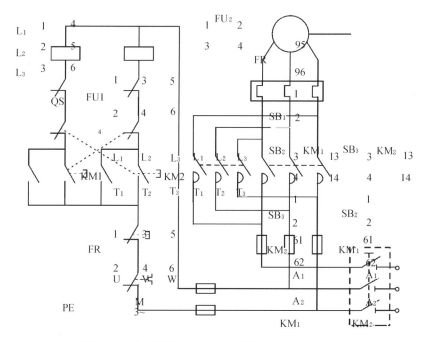

图 5-3 电动机点动、连续控制线路的电气原理图

（2）低压断路器。

1）字母表示：QF。

2）作用：当电路中发生短路、过载、失压、漏电等故障时，它能自动跳闸切断故障电路，从而保护电气设备和线路。

3）结构。由触头系统、灭弧系统、操作机构、热脱扣器、电磁脱扣器、零序电流互感器及绝缘外壳组成。

4）低压断路器的选用。

①低压断路器的额定电流与额定电压应不小于线路、设备的正常工作电压和工作电流。

②热脱扣器的整定电流应等于所控制负载的额定电流。

③电磁脱扣器的瞬时脱扣电流应大于负载电路正常工作时的峰值电流。

④欠压脱扣器的额定电压应等于线路的额定电压。

⑤根据负载情况选择合适的漏电电流及动作时间。

5）低压断路器的安装注意事项。

①低压断路器应垂直安装，电源线接在上端，负载接在下端。

②低压断路器用作电源总开关或电动机的控制开关时，在电源的进线侧必须加装刀开关或熔断器，以形成明显的断开点。

③各脱扣器的整定值调整好后，不允许随意变动，并定期检查各脱扣器的动作值是否满足要求。

④断路器的触头使用一定的次数或分断短路电流后，应及时检查触头系统。

41

学习活动五　技能拓展

（1）如何选择电路中的 KM_1 与 KM_2？

（2）元器件安装参考图（图 5-4）。

图 5-4　元器件安装参考图

绝缘电阻表、接地电阻测量仪的正确使用

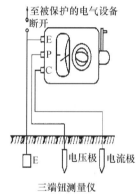

三端钮测量仪

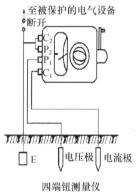

四端钮测量仪

电工上岗证考证技能实训考核设备

学习活动一 明确工作任务与目标

【工作任务】

绝缘电阻表、接地电阻测量仪的使用与测量。

【任务目标】

(1) 绝缘电阻表的正确使用。

(2) 接地电阻测量仪的正确使用。

【能力目标】

（1）正确使用绝缘电阻表、接地电阻表，并按要求接线测试。

（2）能正确使用接地电阻表进行模拟电阻测试并读数。

（3）能正确使用绝缘电阻表对三相异步电动机的绕组绝缘电阻测试，并判断三相异步电动机的绕组绝缘是否正常。

（4）能正确使用用万用表对三相异步电动机绕组头尾进行判断，并对三相异步电动机绕组进行 Y 或 △ 联结。

学习活动二　了解与熟悉工作任务

【任务描述】

某工厂有一台三相异步电动机，由于损坏时外壳带电，现将其修理完毕，请你对三相异步电动机绕组头尾进行判断，并将绕组进行 Y 或 △ 连接，最后对此电动机的绝缘电阻、接地电阻是否合格进行判断。

【任务流程】

本任务流程如图 6-1 所示。

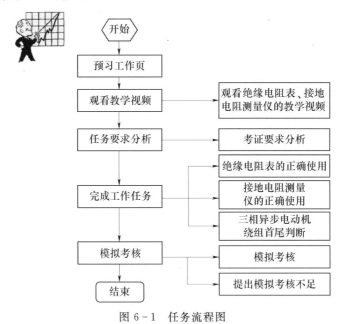

图 6-1　任务流程图

学习活动三　任务实施

（1）观看绝缘电阻表、接地电阻测量仪正确使用与测量的教学视频。

（2）任务要求分析（考证要求分析）。

1）用绝缘电阻表做电机绕组绝缘电阻测试。

2）用接地电阻表做模拟电阻测试。

3）三相异步电动机绕组首、尾判断。

4）对三相异步电动机作 Y 或 △ 联结。

（3）为完成工作任务，请你根据绝缘电阻表、接地电阻测量仪的正确使用列出材料领用清单（见表 6-1）。

表 6-1　　　　　×电工操作证_____任务材料领用清单

序号	器材名称	规格型号	单位	申领数量	实发数量	归还时间	归还人签名	管理员签名	备注
1									
2									
3									
4									
5									
6									
7									
8									
9									
10									

（4）为完成工作任务，请你根据绝缘电阻表、接地电阻测量仪的正确使用列出借用工具清单（见表 6-2）。

表 6-2　　　　　×电工操作证_____任务借用工具清单

序号	名称	数量	规格	单位	借出时间	借用人签名	归还时间	归还人签名	管理员签名	备注

（5）用绝缘电阻表测量电动机绝缘电阻。

1）绝缘电阻表的名称与作用。

2）绝缘电阻表测量电动机绝缘电阻的正确接线（见图 6-2）。

3）绝缘电阻表的好坏判断（见图 6-3）。

请你判断此绝缘电阻表是否正常。

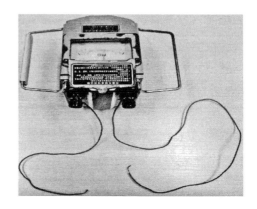

图 6-2　测量绝缘电阻的接线

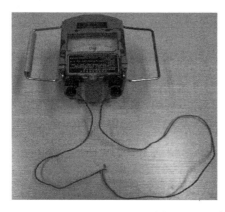
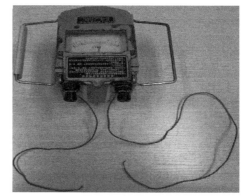

图 6-3　绝缘电阻表的好坏判断

4）正确测量、读数并记录数据。

5）使用的注意事项。

（6）接地电阻表作模拟电阻测试。

1）名称与作用。

2）正确接线（图 6-4）。

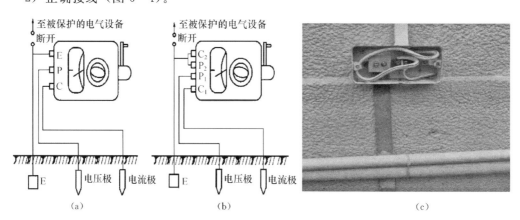

图 6-4　正确接线

（a）三端钮测量仪；（b）四端钮测量仪；（c）实物图

3）正确测量与读数并记录数据。

4）使用的注意事项。

（7）三相异步电动机绕组头尾判断。

1）用万用表电阻挡分别找出三相绕组的各相两个线头。（分相）

2）将万用表的挡位开关转到直流电流挡的最小挡位，两表笔分别接一相绕组的两端，另一相的两端分别接电池的正、负极。

3）合上开关瞬间，看表的指针是正偏还是反偏，如是反偏则将电池的极性对调，重测。当表针正偏时则万用表的黑表笔和电池的正极所接的是同名端。剩下一相测量方法同前。

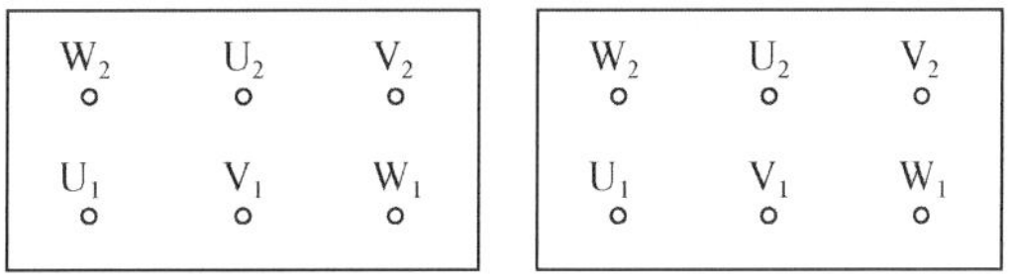

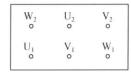

星形联结　　　　　三角形联结

图 6-5　星形、三角形联结

4）将用上述方法所测得的首端、尾端各分别接在一起，后接表笔的两个极，（表的挡位还是电流最小挡），用手转动电动机的转轴，如万用表指针不动，则证明刚才的判断是正确的；如指针左右摆动，则刚才判断的是不正确的，须重测。

5）判断出三相异步电动机的头尾后进行星形、三角形联结（见图 6-5）。

（8）教师巡回指导并填写评价表。

1）评价表（见表 6-3）。

表 6-3　　　　　　　　　　　　评价表

班级：						
小组：		指导教师：				
姓名：		日　　期：				

评价项目	评价标准	评价依据	评价方式			权重	得分小计
			学生自评 20%	小组互评 30%	教师评价 50%		
职业素养	（1）遵守企业规章制度、劳动纪律 （2）按时按质完成工作任务 （3）积极主动承担工作任务，勤学好问 （4）人身安全与设备安全 （5）工作岗位 6S 完成情况	（1）出勤 （2）工作态度 （3）劳动纪律 （4）团队协作精神				0.3	
专业能力	（1）根据电气原理图选择元器件 （2）根据选择的元器件进行布局设计 （3）会独立进行接线正确 （4）会独立进行检查与调试 （5）具有较强的信息分析处理能力	（1）操作的准确性和规范性 （2）工作页或项目技术总结完成情况 （3）专业技能任务完成情况				0.5	
创新能力	（1）在任务完成过程中能提出自己的有一定见解的方案 （2）在教学或生产管理上提出建议，具有创新性	（1）方案的可行性及意义 （2）建议的可行性				0.2	
合计							

2）学生自我评估与总结。

①你掌握了哪些知识点？

_____

_____

②你在安全、仪表连接、测试过程中出现了哪些问题，如何解决的？

_____

_____

③你觉得完成的任务中哪些地方做得比较好，哪些地方还需改进（安全、仪表连接、测试）？

_____

_____

④你有哪些还没掌握好，不够清楚的？

_____

_____

⑤说说你的心得体会。

_____

_____

3）小组评估与总结。

_____

_____

4）各小组对工作岗位的"6S"管理。在小组和教师都完成工作任务总结以后，各小组必须对自己的工作岗位进行"整理、整顿、清扫、清洁、安全、素养"，归还所借的工量具和实习工件。

5）教师评价（根据各小组学生完成任务的表现，给予综合评价，同时给出该工作任务的正确答案供学生参考）并讲解考证的注意事项。

_____

_____

学习活动四　工作总结与评价

【模拟考试】

（1）教师指定一名学生为考评员。

（2）考评员根据电工操作证的要求进行模拟考试，并在表6-4中打分。

考核项目：绝缘电阻表、接地电阻测量仪使用与测量。

表 6 - 4 　　　　　　　　　　　　模 拟 考 试 表

姓名：　　　　　　　　　　　　　　　　　　　　　　　　　　准考证号：

序号	考 核 内 容 与 要 求		考核情况记录		评分标准	考生得分
1	（1）正确使用仪表，并按要求接线测试； （2）用接地电阻表作模拟电阻测试； （3）用绝缘电阻表作电动机绕组绝缘电阻测试； （4）电机绕组元线头判断； （5）作 Y 或 △ 联结。				15	
2	被测数据	被 测 项 目 名 称	符号	读数	单位	5	
3	相关仪表操作注意事项				5	
主考					总分	

考试日期：　　年　月　日　　　　　　　　　　　　　　　　考评员签名：

（3）考评员提出的改进建议。

_____

_____

【相关知识】

（1）绝缘电阻表的使用。

1）作用：检测电气设备的绝缘电阻。计量单位：兆欧（MΩ）。

2）绝缘电阻表的选用：测 500V 以下的设备时，选 500V 或 1000V 以下的绝缘电阻表，测 500V 以上的设备时，选 1000～2500V 的绝缘电阻表。量程选用：测一般低压电器选 0～200MΩ 量程的表。

3）绝缘电阻表的接线和测量。

绝缘电阻表有三个接线柱，（E）表示接地，（L）表示接线路，（G）表示保护环。

保护环的作用：减少测量的误差。

4）测电动机的绝缘电阻的要求。

①测电动机的绝缘电阻。测量电动机的绝缘电阻只需要检查电动机的对地绝缘和相间绝缘，且每次检查的测量值都应大于或等于 0.5MΩ 时此电动机方可使用，否则此电动机绝缘电阻达不到要求而不能使用。

②测量对地绝缘电阻：指电动机绕组与外壳的绝缘电阻。测量方法：将（E）接电动机的外壳（固定不动），（L）分别接电动机的 6 个引出线端，（G）不接。（L）每换一次端子测量一次，测量时将绝缘电阻表摇把每分钟转 120 转，在摇把的转动中记录下表的指示值。

③测量相间绝缘电阻：指电机绕组相与相之间的绝缘电阻。测量方法：将表的一个引出线（不分 L，E）接电机的绕组一个引出线端（固定），另一个引出线分别接电动机绕组引出线端的其余接线端，表的另一个引出线再分别接电动机的其余接线端子，方法同上。

5）测电缆的绝缘电阻的要求。

①测量电缆的绝缘电阻只需测电缆芯线与外壳的绝缘（称对地）和芯线与芯线之间的绝缘（称相间）。电缆绝缘电阻符合使用要求的大小是根据电缆的工作电压而定的，工作电压越高，所要求电缆的绝缘电阻也就越大。一般地，电缆的工作电压每 100V 要求电缆的绝缘电阻为 0.1MΩ。如电缆工作电压为 1 万伏时，则绝缘电阻应不小于 10MΩ。

②测对地绝缘电阻：将表的引出线（E）接电缆的外壳（固定），（L）分别接电缆的芯线，（G）接芯线的屏蔽层（G 跟着 L 一起走），每测量一次，记下测量值。

③测相间绝缘：将表的（L）或（E）接电缆的一根芯线（固定），另一支表笔分别接电缆的其余两支芯线，（G）接两支表笔所接芯线的屏蔽层。

6）使用绝缘电阻表时注意事项。

①绝缘电阻表使用前必须先检查绝缘电阻表的好坏，即做开路试验和短路试验。开路试验：两表笔分开，将摇把每分钟转 120 转，此时指针应指到无穷大的位置。短路试验：将（E）和（L）短接，轻轻转动摇把，此时指针应指到"0"的位置。如能达到上述要求，则说明表是好的。

②测量时摇把的转速是每分钟 120 转，待指针稳定在某一位置时，边转动摇把边读数。摇把停止转动后，指针可随机停在任何一个位置。

③测量电器设备的绝缘电阻前，必须先将设备断电、然后对测量点验电，放电。在保证测量点确实无电的情况下方可进行测量，并在每次测量完成后立即放电。防止触电。

④绝缘电阻表的引出线不能接错，如接错会使测量值产生误差或无法进行测量。测量时手不要碰触表的引出端子。（因为表引出端子的电压为高电压）。

（2）接地电阻测量仪。

1）作用：测量接地体大地的接触电阻。单位：欧姆。

2）仪表的面板组成：接线柱；（E）接线端钮，（P）电位端钮，（C）电流端钮；检流计；倍率开关；电位器刻度盘。

3）操作步骤。

①将（E）接被测得接地体（用 5m 的导线连接），（P）接 20m 导线，导线的另一端接接地探针；（C）接 40m 导线，导线的另一端接接地探针，且被测地线（P）的探针（C）的探针依直线彼此相距 20m，并将探针打到地下。

②将仪表水平放置，检查检流计指针是否为零，如不为零则将检流器调零。

③将倍率开关转至合适的位置，转动摇把，同时转动电位器刻度盘，使检流计指针指"0"。

④当电流计的指针接近平衡时，加快转动发电机摇把，使其达每分钟转 150 转，再转动电位器刻度盘，使检流计的指针指"0"。

⑤读数＝刻度盘的读数×倍率开关的倍数。

⑥当测量值小于 1Ω 时，应将 2 个（E）按钮的连接片分开，分别用导线与接地体相

连，以消除测量时连接导线电阻的附加误差，操作方法同上。

⑦当检流计的灵敏度过高时，可将两根探棒插入土壤中浅一些，当检流计灵敏度过低时，可将探棒注水使其湿润。

4）注意事项。

①静止在有雷电或被测物带电时进行测量。

②仪表运输须小心轻放，避免剧烈振动。

（3）三相异步电动机首、尾端的判别。

三相电机有三相绕组，每个绕组各有首尾，分别为 U_1—U_2、V_1—V_2、W_1—W_2，共有六个引出线，当对电机绕组进行星形或三角形联结时，必须注意绕组引出线的首尾端。如将绕组星形联结时，则将绕组的首端（或尾端）联结在一起，尾端（或首端）分别接三相电源。如将绕组三角形联结时，则分别将一相绕组的首端接另外一相绕组的尾端，再接三相电源。如果联结方法错误，则定子绕组不会产生旋转磁场，电动机转子不会转动。

当电动机绕组的 6 个引出线头分不清楚时，不可盲目接线，必须将 6 个引出线头分辨清楚，首、尾端的判别方法如下：

1）用万用表电阻档分别找出三相绕组的各相两个线头。（分相）

2）将万用表的档位开关转到直流电流档的最小档位，两表笔分别接一相绕组的两端，另一相的两端分别接电池的正、负极。

3）合上开关瞬间，看表的指针是正偏还是反偏，如是反偏则将电池的极性对调，重测。当表针正偏时则万用表的黑表笔和电池的正极所接的是同名端。剩下一相测量方法同前。

4）将用上述方法所测得的首端、尾端各分别接在一起后接表笔的两个极，（表的档位还是电流最小档），用手转动电机的转轴。如万用表指针不动，则证明刚才的判断是正确的；如指针左右摆动，则刚才判断的是不正确的，须重测。

问题：为什么要对电机进行首、尾端的判别？

当电动机的连线板损坏，定子绕组的 6 个引出线头分不清楚时，不可盲目接线，以免由此引起三相电流不平衡，电动机的定子绕组过热，转速降低，甚至不转，造成熔丝烧断或烧毁定子绕组。因此，必须分清 6 个线头的首、尾端后方可接线。

5）三相异步电动机的星形联结（如图 6 - 6 所示）与三角形联结（如图 6 - 7 所示）。

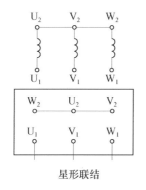
星形联结

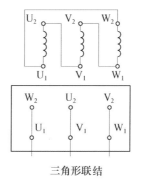
三角形联结

图 6 - 6　星形联结　　图 6 - 7　三角形联结

51

学习活动五 技能拓展

（1）怎样合理选择绝缘电阻表？

（2）考证参考设备（见图 6-8）。

图 6-8 考证参考设备

万用表、钳形电流表的正确使用

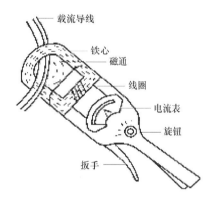

- 载流导线
- 铁心
- 磁通
- 线圈
- 电流表
- 旋钮
- 扳手

学习活动一　明确工作任务与目标

【工作任务】

万用表、钳形电流表的使用与测量。

【任务目标】

（1）万用表的正确使用。

（2）钳形电流表的正确使用。

【能力目标】

（1）能正确选择万用表交流电压档量程进行交流电压的测量。

（2）能根据色环电阻的大小正确选择万用表电阻档的量程，进行电阻的测试并正确读数。

（3）能根据直流电压、电流的大小正确选择万用表的量程，进行直流电压与电流的测试并正确读数。

（4）能正确选择万用表的量程对二极管的极性与好坏进行判断。

（5）能正确选择钳形电流表量程对交流电流进行测量并读数。

学习活动二　了解与熟悉工作任务

【任务描述】

请你根据图 7-1 给定的设备，分别用万用表测量交流电压、直流电压、直流电流、电阻的大小以及对二极管的好坏进行判断。

图 7-1　给定的设备

【任务流程】

本任务流程如图 7-2 所示。

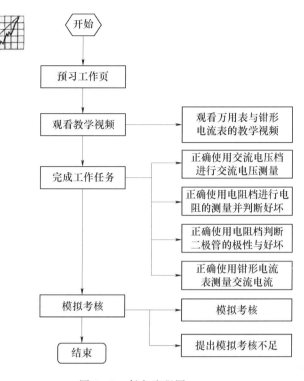

图 7-1 任务流程图

学习活动三 任务实施

（1）观看万用表、钳形电流表正确使用与测量的教学视频。

（2）任务要求分析（考证要求分析）。

1）带电测试注意安全操作，在 20min 内完成各项测试。

2）用万用表测量交流电压的大小。

3）用万用表测量直流电压与电流的大小。

4）用万用表测量电阻的大小。

5）用万用表判断二极管的极性与好坏。

6）用钳形电流表测量交流电流的大小。

（3）为完成工作任务，请你根据万用表、钳形电流表的正确使用列出材料领用清单（见表 7-1）。

（4）为完成工作任务，请你根据万用表、钳形电流表的正确使用列出借用工具清单（见表 7-2）。

表 7-1　　　　　　　　　　　×电工操作证_____任务材料领用清单

序号	器材名称	规格型号	单位	申领数量	实发数量	归还时间	归还人签名	管理员签名	备注
1									
2									
3									
4									
5									
6									

表 7-2　　　　　　　　　　　×电工操作证_____任务借用工具清单

序号	名称	数量	规格	单位	借出时间	借用人签名	归还时间	归还人签名	管理员签名	备注

（5）万用表的正确使用。

1）用万用表测量交流电压（见表 7-3）。

表 7-3　　　　　　　　　　　　　用万用表测量交流电压

（1）先将调压器调到任意位置，然后根据调压器电压的大小选择合适的量程
（2）根据指针的位置正确读数
　　被测数据名称　　　　符号　　读数　　单位

（3）操作时的注意事项

2）用万用表测量直流电压（见表 7-4）。

表 7 - 4	用万用表测量直流电压
	（1）先将直流电源调到任意位置，然后根据直流电源输出电压的大小选择合适的量程 （2）根据指针的位置正确读数 被测数据名称　　　　　符号　　读数　　单位 （3）操作时的注意事项

3）用万用表测量直流电流（见表 7 - 5）。

表 7 - 5	用万用表测量直流电压
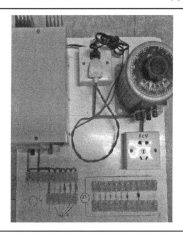	（1）先将直流电源调到任意位置，然后任意指定一组电阻为被测回路，请你根据电压、电阻的大小计算出电流的大小，再选择合适的量程 （2）根据指针的位置正确读数 被测数据名称　　　　　符号　　读数　　单位 （3）操作时的注意事项

4）用万用表测量电阻的大小（见表 7 - 6）。

表 7 - 6	用万用表测量电阻
	（1）先任意指定一组电阻为被测回路，请你根据色环颜色读出电阻的大小，再选择合适的量程 （2）根据指针的位置正确读数 被测数据名称　　　　　符号　　读数　　单位 （3）操作时的注意事项

5）用万用表判断二极管的好坏及正负极（见表 7-7）。

表 7-7 　　　　　　　　　用万用表判断二极管的好坏及正负极

	（1）任意指定一个二极管为被测对象，请选择合适的量程 （2）根据指针的位置正确读数 　被测数据名称　　　　　　符号　　读数　　单位 （3）操作时的注意事项

6）用钳形电流表测量交流电流（见表 7-8）。

表 7-8 　　　　　　　　　　用钳形电流表测量交流电流

	（1）先合上电源开关，起动三相异步电动机，选择合适的量程 （2）根据指针的位置正确读数 　被测数据名称　　　　　　符号　　读数　　单位 （3）操作时的注意事项

（6）教师巡回指导并填写评价表。

1）评价表（见图 7-9）。

表 7 – 9　　　　　　　　　　　　　　　　　评价表

班级：＿＿＿＿＿＿＿＿　　　　指导教师：＿＿＿＿＿＿＿＿
小组：＿＿＿＿＿＿＿＿
姓名：＿＿＿＿＿＿＿＿　　　　日　　期：＿＿＿＿＿＿＿＿

评价项目	评价标准	评价依据	评价方式 学生自评 20％	小组互评 30％	教师评价 50％	权重	得分小计
职业素养	（1）遵守企业规章制度、劳动纪律 （2）按时按质完成工作任务 （3）积极主动承担工作任务，勤学好问 （4）人身安全与设备安全 （5）工作岗位 6S 完成情况	（1）出勤 （2）工作态度 （3）劳动纪律 （4）团队协作精神				0.3	
专业能力	（1）根据电气原理图选择元器件 （2）根据选择的元器件进行布局设计 （3）会独立进行接线正确 （4）会独立进行检查与调试 （5）具有较强的信息分析处理能力	（1）操作的准确性和规范性 （2）工作页或项目技术总结完成情况 （3）专业技能任务完成情况				0.5	
创新能力	（1）在任务完成过程中能提出自己的有一定见解的方案 （2）在教学或生产管理上提出建议，具有创新性	（1）方案的可行性及意义 （2）建议的可行性				0.2	
合计							

2）学生自我评估与总结。

①你掌握了哪些知识点？

＿＿＿＿＿＿＿＿＿＿＿＿＿＿＿＿＿＿＿＿＿＿＿＿＿＿＿＿＿＿＿＿＿＿＿＿＿

②你在安全、测试、读数过程中出现了哪些问题，如何解决的？

＿＿＿＿＿＿＿＿＿＿＿＿＿＿＿＿＿＿＿＿＿＿＿＿＿＿＿＿＿＿＿＿＿＿＿＿＿

③你觉得你完成的任务中哪些地方做得比较好，哪些地方还需改进（安全、测试、读数、使用时的注意事项等）？

＿＿＿＿＿＿＿＿＿＿＿＿＿＿＿＿＿＿＿＿＿＿＿＿＿＿＿＿＿＿＿＿＿＿＿＿＿

④你有哪些还没掌握好，不够清楚的？

＿＿＿＿＿＿＿＿＿＿＿＿＿＿＿＿＿＿＿＿＿＿＿＿＿＿＿＿＿＿＿＿＿＿＿＿＿

⑤说说你的心得体会。

＿＿＿＿＿＿＿＿＿＿＿＿＿＿＿＿＿＿＿＿＿＿＿＿＿＿＿＿＿＿＿＿＿＿＿＿＿
＿＿＿＿＿＿＿＿＿＿＿＿＿＿＿＿＿＿＿＿＿＿＿＿＿＿＿＿＿＿＿＿＿＿＿＿＿

3）小组评估与总结。

4）各小组对工作岗位的"6S"管理。在小组和教师都完成工作任务总结以后，各小组必须对自己的工作岗位进行"整理、整顿、清扫、清洁、安全、素养"，归还所借的工量具和实习工件。

5）教师评价（根据各小组学生完成任务的表现给予综合评价，同时给出该工作任务的正确答案供学生参考）并讲解工作原理。

学习活动四　工作总结与评价

【模拟考试】

（1）指定一名学生为考评员。

（2）考评员根据电工操作证的要求进行模拟考试，并在表 7 - 10 表中打分。

表 7 - 10　　　　　　　　　　　　　模 拟 考 试 表

姓名：　　　　　　　　　　　　　　　　　　　　　　　　　　　准考证号：

考核项目：万用表、钳形电流表的使用与测量

序号	考 核 内 容 与 要 求				考 核 情 况 记 录		评分标准	考生得分
1	带电测试注意安全操作，在 20min 内完成各项测试： （1）交流电压； （2）直流电压与电流； （3）直流电阻； （4）二极管； （5）交流电流。						15	
2	被测数据	被 测 项 目 名 称	符号	读数	单位		5	
3	相关仪表操作注意事项						5	
主考							总分	

考试日期：　　　年　月　日　　　　　　　　　　　　　　　　考评员签名：

60

（3）考评员提出的改进建议。

【相关知识】

学习万用表的使用。

1）作用。万用表一般可测量交流电压、直流电压、直流电流和电阻等，其面板如图7-3所示。

2）测量交流电压。

①将转换开关转到交流电压（V）最大挡，表笔部分不分正负极，两表笔轻触测量点，看表针摆动的剧烈程度。如果指针超过满刻度，则说明表的量程不够大，不能用此表测量此电压值；如果指针偏转很小，则需要逐步调低档位。

②测量时通过换档尽量让指针偏转到满刻度，这样的测量值误差最小。

③读数。

④测量完毕，将档位换到交流电压最大档。

⑤注意事项：换档时表笔一定要离开测量点，不可带电换档。读数时眼睛、表针、反射镜上的表针三点应成一直线。

图7-3　万用表面板

3）测量直流电压。

①转换开关转到直流电压档（V）。

②要注意表笔的极性，如果指针反偏，则将两表笔对调。

③其余的操作方法与测量交流电压相同。

4）测量直流电流。

①将转换开关占到直流电流档mA或μA档。

②按电流的方向将表笔串接在被测电路中。

③通过调节转换开关尽量使指针偏转到满刻度。

④读数。

⑤注意：换档时表笔要离开测量点。

5）测量电阻。

①把转换开关转到欧姆档（Ω）合适的档位。

②将两表笔短接，旋转调零旋钮，使指针指到"0"的位置。

③将两表笔分别接被测电阻的两端。

④读数：测量值＝表头的读数×转换开关的倍数。单位：欧姆。

⑤注意：a. 通过调节转换开关尽量使指针指到刻度盘中间的1/3～2/3处，这样做可以减小测量误差，使测量值更精确。b. 被测电阻不能有并联支路。c. 断电测量。

6）测量二极管的极性并判断二极管的好坏。

①将万用表的转换开关转到电阻 $R \times 100\Omega$ 档或 $R \times 1k\Omega$ 档。

②分别将两表笔二极管的两个极，记下表针的指示值。

③将两表笔对调，再测一次，如果一次测得的阻值无穷大，一次阻值很小，则阻值小的那一次黑笔所接的是正极，红笔所接的是负极。如果两次所测得的阻值都很小，则此二极管已击穿，如果两次测得的阻值都很大，则此二极管已短路。

7）钳表的正确使用。

①将转换开关转至交流档最大档。

②将待测一根导线放在钳口的中心位置，（不能同时放二根或多根）测量时表应处于水平放置；闭合钳口。

③如果此时指针超过了最大值，则说明表的最大量程小于在线电流值，不能用此表进行测量。如果指针偏转的角度很小，则应逐渐减小档位，注意，换档时要打开钳口。一般地，尽量让指针到满刻度。（这样的读数误差最小）。

④读数。

如果档位开关拨至最小档的指针的偏转角度仍很小，可能被测线路在钳口上多绕几圈来进行测量，但此时的读数只是参考值。参考值是：表的读数除以所绕的圈数。

学习活动五　技能拓展

（1）怎样正确选择钳型电流表？

（2）考证参考设备（见图 7 - 4）。

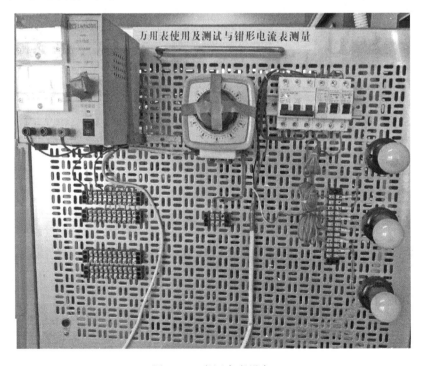

图 7 - 4　考证参考设备

Y—△降压起动控制线路安装

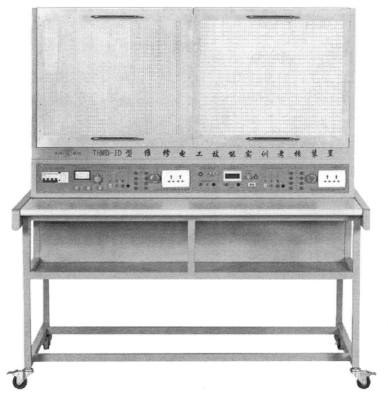

THWD-1D型维修电工技能实训考核装置

学习活动一 明确工作任务与目标

【工作任务】

Y-△降压起动控制线路。

【任务目标】

(1) 能顺畅地叙述 Y-△降压起动控制线路的工作原理。

(2) 正确理解电气原理图中各组件的名称与作用。

【能力目标】

（1）能根据电气原理图正确选择元器件，并能判断元器件的好坏。

（2）能畅顺地叙述 Υ-△降压起动控制线路的工作原理。

（3）能掌握各元器件的作用、结构及工作原理。

（4）能根据电气原理图分析某一个组件损坏后的故障现象。

（5）能掌握各元器件的使用及安全事项。

学习活动二　了解与熟悉工作任务

【任务描述】

某工厂有两台 22kW 的消防水泵，由于年久失修，按下起动按钮电路不工作，现请你根据实物图画出 Υ-△降压起动控制线路的电气原理图，分析其工作原理并排除故障。

【任务流程】

本任务流程如图 8-1 所示。

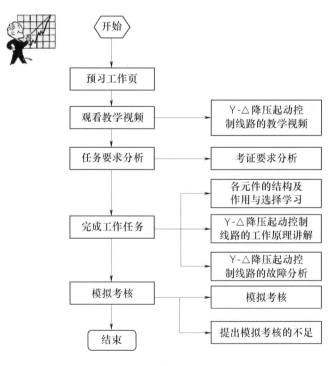

图 8-1　任务流程图

学习活动三　任务实施

（1）观看 Y-△降压起动控制线路的教学视频。

（2）任务要求分析（考证要求分析）。

1）能在 10min 内顺畅地叙述 Y-△降压起动控制线路的工作原理。

2）正确识别电路装置中各元器件，并说出名称和电气符号。

3）正确讲解各元器件的作用、结构及工作原理。

4）对相关电器组件的选择与要求。

5）能根据电气原理图分析故障现象。

6）注意安全，正确进行通电，并做起动及停止操作。

（3）画出 Y-△降压起动控制线路的电气原理图。

（4）为完成工作任务，请你根据 Y-△降压起动控制线路的电气原理图，列出元器件清单，并画出电气符号（如表 8-1 所示）。

表 8-1　　　　　　　　　　　　　　元器件清单

元器件名称	电气符号	作用	元器件名称	电气符号	作用

（5）根据工作任务及前面的电气原理图，请你写出 Y-△降压起动控制线路的工作原理。

（6）请根据上面的工作原理分析，对 Y-△降压起动控制线路进行启动、停止操作。

（7）请根据前面的工作原理分析下列元器件损坏时的故障现象，故障现象如表 8-2 所示。

表 8－2　　　　　　　　　　　　　故 障 现 象 表

损坏元器件	故障现象	损坏元器件	故障现象

学习活动四　工作总结与评价

【模拟考试】

（1）考评员根据电工操作证的要求进行模拟考试，并在表 8－3 中打分。

（2）考核项目：Y－△降压起动控制线路。

表 8－3　　　　　　　　　　　　　模 拟 考 试 表

姓名：　　　　　　　　　　　　　　　　　　　　　　　　准考证号：

考核项目：Y－△降压起动控制线路板

序号	考 核 内 容 与 要 求	考核情况记录	评分标准	考生得分
1	（1）注意安全，正确进行通电作起动及停止操作 （2）能熟悉电气原理图 （3）在 10min 内顺畅地叙述线路工作原理		15	
2	正确理解线路中各组件的名称与作用		5	
3	对相关电器组件选择与要求		5	
主考			总分	

考试日期：　　年　月　日　　　　　　　　　　　　　考评员签名：

（3）考评员提出的改进建议。

_____

_____

【相关知识】

（1）Y－△降压起动控制线路的电气原理图（如图 8－2 所示）。

（2）电动机在起动时为什么要降低起动电流？

1）直接起动时的起动电流较大，一般为额定电流的 4～7 倍（如水泵、空压机）。功率越大的电动机，相应的起动电流也就越大。

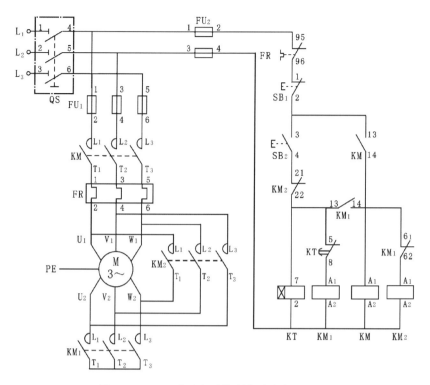

图 8-2　Y-△降压起动控制线路电气原理图

2）直接起动将使供电线路产生线路压降，影响电源电压，影响同一供电线路中其他电气设备的正常工作（电压降不能超过 10%），还可能烧坏电动机的定子绕组。

（3）Y-△降压起动控制线路性能，起动时电流、电压和转矩关系、适用范围。

1）性能。利用电动机本身的绕组在起动和运行时的不同连接来达到降压起动的目的。

起动时的电流 $I_Y = 1/3 I_\triangle$；

起动时的转据 $M_Y = 1/3 M_\triangle$；

起动时的电压 $U_Y = 0.578 U_\triangle$。

2）使用范围：①用于轻载起动；②用于 4kW 以上（包括 4kW）的电动机。

（4）工作原理。

1）主电路：起动时 KM、KM_1 主触头闭合，电动机绕组接成 Y 形起动，电动机起动起来以后，KM_1 主触头点断开，KM_2 主触头点闭合，电动机连接成△形运行。

2）控制电路（如图 8-3 所示）。

按下 SB_2，KT、KM_1 线圈同时得电，KM_2 主触头闭合，电动机绕组接成 Y 联结，KM_2 辅助常闭触头断开，对 KM_3 线圈支路联锁；KM_2 辅助常开触头闭合，KM 线圈得电，KM_1 主触头闭合，电动机 Y 连接起动。KM_1 辅助常开触头闭合，自锁。当 KT 延时时间到，KT 常闭触点打开，KM_2 线圈断电，KM_2 主触点打开，断开 Y 联结，KM_2 辅助触头（常开）复位，使 KT 线圈断电，KT（常闭）触点复位。KM_3 线圈得电，KM_3 主触头闭合，电动机绕组接成 △ 联结，电动机起动完毕，进入运行状态。停机时按下 SB_1，停机。

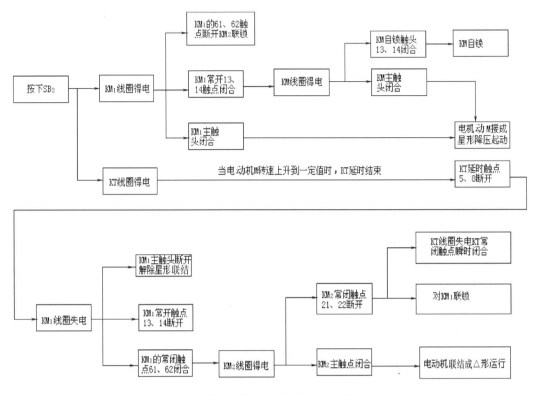

图 8-3　Y-△降压起动控制线路工作原理

3) 电气互锁与机械互锁。电气线路中，只有接触器互锁和按钮互锁两种，统称为电气互锁。接触器互锁可以使两个接触器只能二选一，不能同时吸合，以防短路；按钮互锁可以使按钮间的发令状态互相可以随时解除、随时发令，并且两个发令按钮同时按下，也不会使任意接触器动作，已达到防止短路的作用。

有一种带机械互锁的接触器组（中间有机械连锁杆机构），一个吸合后（即使是触点粘连或铁心卡住），另一个即使线圈同电或强行手动按动也不吸合，如图 8-4 所示。

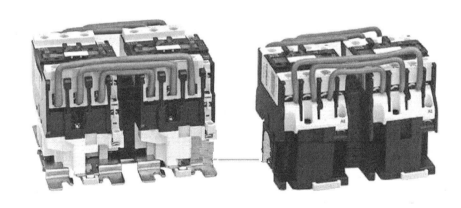

图 8-4　机械互锁接触器组

4）KT 在电路中起何作用？

控制 KM_2、KM_3 的转换时间，实际上是控制电动机的起动时间。KT 延时时间实根据电机实际起动时间来调节。

学习活动五　技能拓展

能否理解带能耗制动的 Y-△ 降压起动电路的工作原理？

学习任务九

自耦变压器降压起动控制线路安装

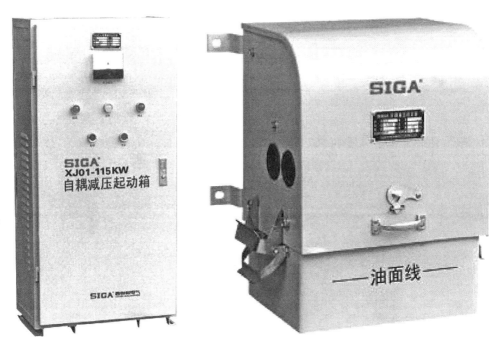

自耦变压器降压起动控制柜

学习活动一　明确工作任务与目标

【工作任务】

自耦变压器降压起动控制线路。

【任务目标】

（1）能顺畅地叙述自耦变压器降压起动控制线路的工作原理。

（2）正确理解电气原理图中各组件的名称与作用。

【能力目标】

（1）能根据电气原理图正确选择元器件，并能判断元器件的好坏。

（2）能顺畅地叙述自耦变压器降压起动控制线路的工作原理。

（3）能掌握各元器件的作用、结构及工作原理。

（4）能根据电气原理图分析某一个组件损坏后的故障现象。

（5）能掌握各元器件的使用及安全事项。

学习活动二　了解与熟悉工作任务

【任务描述】

某工厂有两台22kW的消防水泵，由于年久失修，按下起动按钮电路不工作，现请你根据实物图画出自耦变压器降压起动控制线路的电气原理图，分析其工作原理并排除故障。

【任务流程】

本任务流程如图9-1所示。

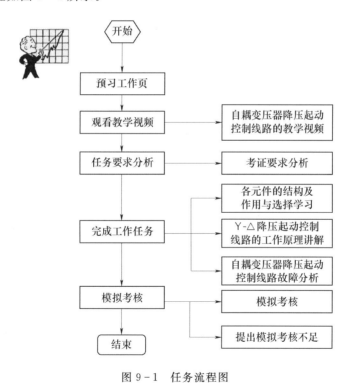

图9-1　任务流程图

学习活动三　任务实施

（1）观看自耦变压器降压起动控制线路的教学视频。

（2）任务要求分析（考证要求分析）。

1）能在 10min 内顺畅地叙述自耦变压器降压起动控制线路的工作原理。

2）正确识别电路装置中各元器件，并说出名称和电气符号。

3）正确讲解各元器件的作用、结构及工作原理。

4）对相关电器组件选择与要求。

5）能根据电气原理图分析故障现象。

6）注意安全，正确进行通电，并做起动及停止操作。

（3）画出自耦变压器降压起动控制线路的电气原理图。

（4）为完成工作任务，请你根据自耦变压器降压起动控制线路的电气原理图列出元器件清单（见表9-1），并画出电气符号。

表 9-1 元 器 件 清 单

元器件名称	电气符号	作用	元器件名称	电气符号	作用

（5）根据工作任务及前面的电气原理图，请你写出自耦变压器降压起动控制线路的工作原理。

（6）请根据上面的工作原理分析，对自耦变压器降压起动控制线路进行起动、停止操作。

（7）请根据前面的工作原理分析下列元器件损坏时的故障现象，见表9-2。

表 9-2		故 障 现 象	
损坏元器件	故障现象	损坏元器件	故障现象

学习活动四　工作总结与评价

【模拟考试】

（1）教师指定一名学生为考评员。

（2）考评员根据电工操作证的要求进行模拟考试，并在表 9-3 中打分。

考核项目：自耦变压器降压起动控制线路。

表 9-3　　　　　　　　　　　　模 拟 考 试 表

姓名：　　　　　　　　　　　　　　　　　　　　　　　　　　　准考证号：

序号	考 核 内 容 与 要 求	考核情况记录	评分标准	考生得分
1	（1）注意安全，正确进行通电作起动及停止操作 （2）能熟悉电气原理图 （3）在 10min 内顺畅地叙述线路工作原理		15	
2	正确理解线路中各组件的名称与作用		5	
3	对相关电器组件选择与要求		5	
主考			总分	

考试日期：　　年　月　日　　　　　　　　　　　　　　考评员签名：

（3）考评员提出的改进建议。

_____

_____

【相关知识】

（1）自耦变压器降压起动控制线路的电气原理图（见图 9-2）。

（2）自耦变压器的结构。

单相双绕组变压器中，每一相的原绕组和副绕组独立分开，原绕组具有匝数 N_1，副绕组具有匝数 N_2，原、副绕组之间只有磁的联系而无电的联系。假如在变压器中只有一个绕组，如图 9-3 所示，在绕组中引出一个抽头 c，使 $N_{ab}=N_1$，使 $N_{cd}=N_2$，N_{cd} 是副绕组，也是原绕组的一部分，这种原、副绕组具有部分公共绕组的变压器称为自耦变压

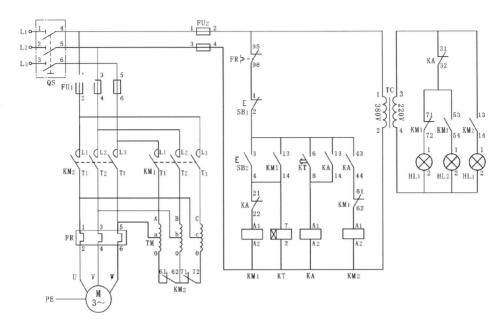

图 9-2 自耦变压器降压起动控制线路电气原理图

器。自耦变压器的原、副绕组之间不仅有磁的联系，还有电的直接联系。

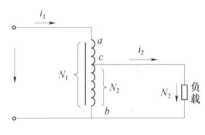

图 9-3 单相自耦变压器

（3）自耦变压器降压起动控制线路操作过程。

按电动机实际起动时间的要求调整时间继电器的动作时间，按电动机的额定工作电流调整电动机保护器或热继电器的动作电流，然后进行动作实验。

1）自动操作。合上电源开关，绿色指示灯亮，按下起动按钮，电动机开始起动，绿色的指示灯熄灭，黄灯点亮，同时时间继电器开始计时工作，经一定转换时间后，时间继电器触点闭合，交流接触器接通，即自动切换使电动机正常运转，同时黄灯熄灭而红灯亮，按下"停止"按钮，电动机即停止工作。

2）注意事项。

①从起动切换至运转必须待电动机接近额定转速时进行，否则容易损坏接触器，对输电网也不利。

②在运行过程中，如果电机保护器、热继电器发生动作，此时应仔细地检查电动机是否过载、断相，直至排除故障后方能继续工作。

（4）自耦变压器降压起动控制线路工作原理。

1）主电路：起动时：KM_1 主触头闭合，KM_2 的常闭辅助触头把自耦变压器的三相绕组接成 Y 形连接，然后利用自耦变压器不同的抽头来使三相异步电动机获取不同的电压进行降压起动。对于重负载，起动电压选取 80% 左右。对于轻负载，起动电压选取 60% 左右。当电动机起动后，KM_1 主触头断开，KM_2 主触头闭合，电动机全压运行。

2) 控制电路如图 9-4 所示。

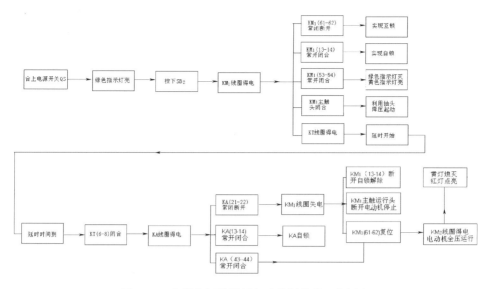

图 9-4　自耦变压器降压起动控制线路工作原理

学习活动五　技能拓展

（1）自耦变压器降压起动控制线路电路中，KM_1、KM_2 在电路中起何作用？

答：KM_2 的作用是把自耦变压器的一端接成 Y 接法，当 KM_1 闭合时，电流通过自耦变压器降压流进电动机定子绕组进行降压起动。当电动机起动起来以后，断开 KM_1，接通 KM_2，此时全部电压加到电动机的定子绕组进行全压运行。

（2）自耦变压器的作用是什么？

答：利用自耦变压器的不同抽头来获取不同的起动电压。

学习任务十

绕线式异步电动机控制线路

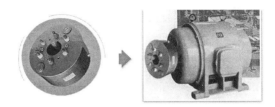

绕线式异步电动机起动器

学习活动一　明确工作任务与目标

【工作任务】

绕线式异步电动机控制线路。

【任务目标】

（1）能顺畅地叙述绕线式异步电动机控制线路的工作原理。

（2）正确理解电气原理图中各组件的名称与作用。

【能力目标】

（1）能根据电气原理图正确选择元器件，并能判断元器件的好坏。

（2）能顺畅地叙述绕线式异步电动机控制线路的工作原理。

（3）能掌握各元器件的作用、结构及工作原理。

（4）能根据电气原理图分析某一个组件损坏后的故障现象。

（5）能掌握各元器件的使用及安全事项。

学习活动二　了解与熟悉工作任务

【任务描述】

某码头有一台天车，主钩采用绕线式异步电动机来驱动，现天车主钩出现了按下起动按钮，绕线式异步电动机不起动。现公司派你去维修，请根据天车电气原理图分析主钩的工作原理，并根据故障现象确定故障范围。

【任务流程】

本任务流程如图 10 - 1 所示。

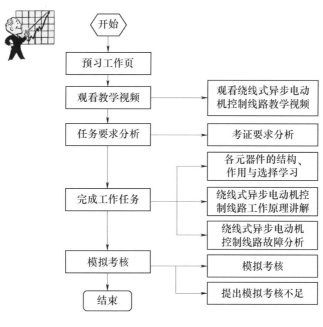

图 10 - 1　任务流程

学习活动三　任务实施

（1）观看绕线式异步电动机控制线路的教学视频。

（2）任务要求分析（考证要求分析）。

1）能在 10min 内顺畅地叙述绕线式异步电动机控制线路的工作原理。

2）正确识别电路装置中各元器件，并说出名称和电气符号。

77

3）正确讲解各元器件的作用、结构及工作原理。

4）对相关电器组件选择与要求。

5）能根据电气原理图分析故障现象。

6）注意安全，正确进行通电，并做起动及停止操作。

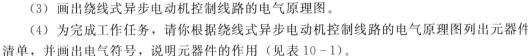

（3）画出绕线式异步电动机控制线路的电气原理图。

（4）为完成工作任务，请你根据绕线式异步电动机控制线路的电气原理图列出元器件清单，并画出电气符号，说明元器件的作用（见表 10 - 1）。

表 10 - 1   元器件清单

元器件名称	电气符号	作用	元器件名称	电气符号	作用

（5）根据工作任务及前面的电气原理图，请你写出绕线式异步电动机控制线路的工作原理。

（6）请根据上面的工作原理分析，对绕线式异步电动机控制线路进行起动、停止操作。

（7）请根据前面的工作原理分析下列元器件损坏时的故障现象（见表 10 - 2）。

表 10 - 2   故 障 现 象 分 析 表

损坏元器件	故障现象	损坏元器件	故障现象

学习活动四　工作总结与评价

【模拟考试】

（1）教师指定一名学生为考评员。

（2）考评员根据电工操作证的要求进行模拟考试，并在表 10-3 中打分。

考核项目：绕线式异步电动机控制线路。

表 10-3　　　　　　　　　　　模　拟　考　试　表

姓名：　　　　　　　　　　　　　　　　　　　　　　　　　准考证号：

序号	考 核 内 容 与 要 求	考核情况记录	评分标准	考生得分
1	（1）注意安全，正确进行通电，做起动及停止操作 （2）能熟悉电气原理图 （3）在 10min 内顺畅地叙述线路工作原理		15	
2	正确理解线路中各组件的名称与作用		5	
3	对相关电器组件的选择与要求		5	
主考			总分	

考试日期：　　年　月　日　　　　　　　　　　　　考评员签名：

（3）考评员提出的改进建议。

_____

_____

【相关知识】

（1）绕线式异步电动机控制线路电气原理图（见图 10-2）。

（2）绕线式异步电动机控制线路操作过程。

按电动机实际起动时间的要求调整时间继电器的动作时间，按电动机的额定工作电流调整电动机保护器或热继电器的动作电流，然后进行动作试验。

1）自动操作。合上电源开关，按下起动按钮，绕线式异步电动机 M 开始降压起动，同时时间继电器 KT_1 开始计时工作，经一定转换时间后，时间继电器触点 KT_1 闭合，交流接触器 KM_1 接通，绕线式异步电动机 M 继续降压起动，时间继电器 KT_2 开始计时工作，经一定转换时间后，时间继电器 KT_2 触点闭合，交流接触器 KM_2 接通，绕线式异步电动机 M 继续降压起动，时间继电器 KT_3 开始计时工作，经一定转换时间后时间继电器 KT_3 触点闭合，交流接触器 KM_3 接通，绕线式异步电动机 M 全压运行。按下"停止"按钮，电动机即停止工作。

2）注意事项。

①从起动切换至运转必须待电动机接近额定转速时进行，否则容易损坏接触器，对输电网也不利。

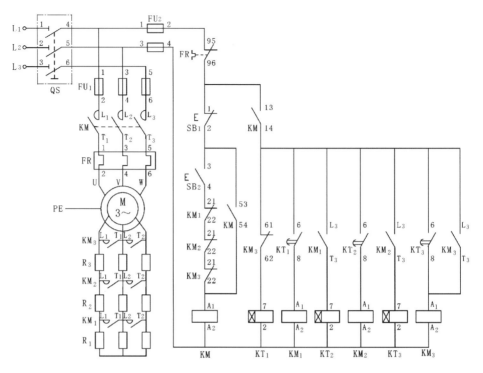

图 10-2　绕线式异步电动机控制线路电气原理图

②在运行过程中，如果电动机保护器、热继电器发生动作，此时应仔细地检查电动机是否过载、断相，直至排除故障后方能继续工作。

（3）绕线式异步电动机控制线路的工作原理。

1）主电路工作原理。KM 主触头闭合时，绕线式异步电动机 M 串接全部电阻进行降压起动，当 KM_1 主触头闭合时，切除第一组电阻 R_1，绕线式异步电动机 M 串接 R_2、R_3 继续进行降压起动；当 KM_2 主触头闭合时，切除第二组电阻 R_2，绕线式异步电动机 M 串接 R_3 继续进行降压起动；当 KM_3 主触头闭合时，切除第三组电阻 R_3，绕线式异步电动机 M 正常运行。

2）控制电路工作原理（见图 10-3）。

（4）绕线式异步电动机控制线路的基本知识。

1）分析控制线路功能及作用。降低起动电流、增大起动转矩，具有较好的起动特性，运行时还具有比较好的调速性能。

2）与笼形电动机的区别，适用场合。

①区别：从结构上分，笼形电动机的转子只有铸铝条绕组，而绕线电动机的转子有三相漆包线绕组。从起动形式上分，绕线电动机采用转子回路串电阻起动，而鼠笼式电动机采用定子回路降压起动。

②适用场合：鼠笼式电动机使用于轻负载，绕线式电动机使用于重负载，如轧钢厂、起重机等。

3）转子回来的电阻起何作用？

80

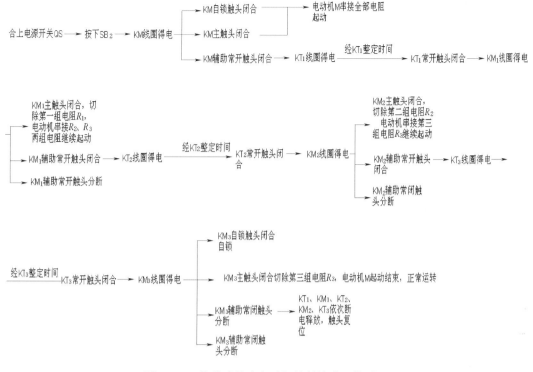

图 10 - 3　绕线式异步电动机控制线路工作原理

限制转子回路的电流。

4）KT$_1$、KT$_2$、KT$_3$ 在电路中起何作用，延时时间谁大谁小？

控制电动机的起动时间。时间的调节是根据电动机的实际起动时间来调节，三个时间继电器的动作时间依次是 KT$_1$＞ KT$_2$＞ KT$_3$。

5）为什么 KT$_1$ 的起动时间要最长？

因为电动机刚开始起动时转子的转速由零开始上升，由于惯性的作用，转子的转速上升过程的时间较长。

6）为什么在起动时要逐级切除电阻？

因为绕线电动机刚开始起动时转子回路电流最大，所以须串入全部电阻进行限流。随着转子转速的逐渐升高，转子回路的电流也随着减小，串入转子回来的电阻也应随着减少。

学习活动五　技能拓展

请你述说转子绕组串接频敏变阻器起动控制线路的工作原理。

81

附录

附录 A　电气安全管理

触电事故的原因很多。有的是由于设备不合格，有的是由于安装不合格，有的是由于绝缘损坏，有的是由于错误操作或违章操作，有的是由于缺少安全技术措施，有的是由于制度不健全，有的是由于管理混乱等。一般来说，触电事故的共同原因是安全组织措施不健全和安全技术措施不完善。组织措施与技术措施是互相联系、互相配合的，它们是安全工作的两个方面。没有组织措施，技术措施得不到可靠的保证；没有技术措施，组织措施只能是不能解决问题的空洞条文。为了防止电气事故的发生，必须重视和做好电气安全管理工作。

第一节　组　织　管　理

一、管理人员和机构

电工是个特殊工种，这个工种极具危险性，不安全的因素较多。同时，随着生产和经济的发展，电气化程度不断提高，用电量迅速增加，专业电工日益增多，而且分散在社会和企业各部门。这都反映了电气安全管理工作的重要性。为此，一方面企业和单位应有专业的机构或人员负责电气安全工作，另一方面国家要求从事电气作业的电工必须接受国家有关部门安全生产监督。

各单位应当根据本部门电气设备的构成和状态，本部门电气专业人员的组成和素质，以及本部门用电特点，建立相应的管理机构，并确定管理人员和管理方式。为了做好电气安全管理工作，安全技术或动力等部门必须安排专人负责这项工作。专职管理人员应具备必须的电气安全知识，并要根据实际情况制订安全措施，使安全管理工作有计划的进行。

二、规章制度

合理的规章制度是保障安全生产的有效措施。安全操作规程、运行管理和维护检修制度及其他规章制度都与安全有直接的关系。

需根据不同工种，建立各种安全操作规程。如配电室值班安全操作规程、内外线维护检修安全操作规程、电气设备维修安全操作规程、电气实验安全操作规程、临时接线安全规程、手持电工工具安全操作规程等。

安装电气线路或者电气设备时，必须严格遵循电气设备安装规程。

根据环境的特点以及单位的实际情况建立相应的运行管理制度和维护检修制度。运行管理和维护检修要做到经常和定期相结合的原则，及时发现电气线路或设备的缺陷，消除潜在的不安全因素，消除隐患，确保安全生产。

为了保证检修工作，特别是为了保证高压检修工作安全，必须坚持必要的安全工作制度，如工作票制度、工作许可制度、工作监护制度等。

三、安全检查

电气安全检查的内容包括：检查电气设备的绝缘是否老化，是否受潮或破损，绝缘电阻是否合格；电气设备裸露带电部分是否有防护，屏护装置是否符合安全要求；安全间距是否足够；保护接地或保护接零是否正确和可靠；保护装置是否符合安全要求；携带式照明灯和局部照明灯是否采用了安全电压或其他安全措施；安全用具和防火用具是否齐全；电气设备选型是否正确，安装是否合格；电气连接部分是否完好；电气设备和电气线路温度是否太高；熔断器熔体的选用及其他过流保护的整定是否正确；各项维修制度和管理制度是否健全；电工是否接受专业培训等。

对变压器等重要的电气设备应建立巡视检查制度，坚持巡视检查，并做好必要的记录。

对于使用中的电气设备，应定期测定其绝缘电阻；对于各种接地装置，应定期测定其他接地电阻；对于安全用具、避雷器、变压器油及其他一些保护电器，也应定期检查，测定并进行耐压试验。

四、安全教育

安全教育主要是为了使工作人员懂得基本认识，认识安全用电的重要性，掌握安全用电的基本方法，从而能安全地、有效地进行工作。

新入职的工作人员要接受厂、车间、生产小组等三级安全教育，要求工作人员懂得电和安全用电的知识；对于独立工作的电气工作人员，更应懂得电气装置在安装、使用、维护、检修过程中的安全要求，应熟知电气安全操作规程，学会电气灭火的方法，掌握触电急救的技能，并经安全生产管理部门考核合格后，取得特种作业人员操作证。

1. 安全资料

安全资料是做好安全工作的重要依据。一些技术资料对于安全工作也是十分必要的，应注意收集和保存。

为了工作方便和便于检查，应建立高压系统图、低压布线图、全厂架空线路和电缆线路布置图等其他图样资料。

对重要设备应单独建立资料。每次检修或者实验记录应作为资料保存，以便查对。

设备事故和人身事故的记录也应作为资料保存。

2. 保证安全的组织措施

在电气设备上工作，保证安全工作的组织措施有工作票制度、工作许可制度、工作监护制度、工作间断转移和终结制度。

五、工作票制度

在电气设备上工作，应填用工作票或按命令执行，有下列三种：

填用第一种工作票的工作：高压设备上工作需全部停电或部分停电；高压室内的二次接线和照明等回路上的工作，需要将高压停电或采取安全措施的。

填用第二种工作票的工作：带电作业和在带电设备外壳上的工作；在控制盘和低压配电盘、配电箱、电源干线上的工作；在二次接线回路上的工作；无需将高压设备停电的工作；在转动中的发电机、同期调相机的励磁回路或高压电动机转子量高压回路电流工作。

口头或电话命令用于这两种工作票以外的其他工作。口头或电话命令，必须清楚、正确，值班员应将发令人、负责人及工作任务详细记入操作记录薄中，并向发令人复诵核对一遍。

一个工作负责人只能发一张工作票。工作票上所列的工作地点，以一个电气连接部分为限。如施工设备属于同一电压、位于同一楼层、同时停送电，而且不会触及带电体时，可允许几个电气连接部分共用一张工作票。在几个电气连接部分上，依次进行不停电的同一类型的工作，可以发给第二张工作票。若一个电气连接部分或一个配电装置全部停电，则所有不同地点的工作可以发给一张工作票，但要详细填写主要工作内容。几个班同时进行工作时，工作票可以发给一个总的负责人。若至预定时间，一部分工作尚未完成，仍须继续工作而不妨碍送电者，在送电前应按照送电后现场设备带电情况办理新的工作票，布置好安全措施后方可继续工作。这两种工作票的有效时间以批准的检修期为限。第一种工作票至预定时间，工作尚未完成的，应由工作负责人办理延期手续。

六、工作许可制度

工作票签发人由熟悉人员技术水平、设备情况、安全工作规程的生产领导人或技术人员担任。工作票签发人需检查的职责范围为：工作必要性；工作票上所填安全措施是否正确完备；所派工作负责人和工作班人员是否适当和足够。工作票发人不得兼任该项工作的工作负责人。

工作负责人（监护人）可以填写工作票。工作负责人的安全责任：正确安全地组织工作；监督、监护工作人员遵守规程；负责检查工作票所载安全措施是否符合现场实际条件；工作前对工作人员交代安全事项。

工作许可证（值班员）不得签发工作票。工作许可人的职责范围为：负责审查工作票所列安全措施是否正确完备，是否符合现场条件；负责检查停电设备有无突然来电的危险；对工作票所列内容即使有很小的疑问，也必须向工作票签发人询问清楚，必要时应要求作详细补充。

工作许可人在完成施工现场的安全措施后，还应会同工作负责人到现场检查所做的安全措施，以手触试、证明检修设备确无电压，对工作负责人指明带电设备的位置和注意事项，同工作负责人分别在工作票上签名。完成上诉手续后，工作人员方可开始工作。

七、工作监护制度

工作监护制度是保障检修人员人身安全和正确操作的基本措施。监护人应由技术级别较高的人员担任，一般由工作负责人担任。监护人应始终留在现场，对工作人员认真监护，监护所有工作人员的活动范围和实际操作；工作人员及所携带工具与带电体之间是否保持足够的安全距离，工作人员站立是否合理、操作是否都正确。监护人如发现工作人员的操作违反规程，应及时纠正，必要时令其停止工作。

若监护人不得不暂时离开现场时，应制定合适的人代理监护工作。

八、工作间断、转移和终结制度

工作间断时，工作班人员因从工作现场撤出，所有安全措施保持不变，工作票仍由工作负责人执存。每日收工，将工作票交回值班员。次日复工时，应征得值班员许可，取回工作票，工作负责人必须首先重新检查安全措施，确定符合工作票的要求后方可工作。

全部工作完毕后，工作人员应清扫、整理现场。工作负责人应先仔细检查，待全体人员撤离工作地点后，再向值班员讲清所修项目、发现的问题、实验结果和存在的问题等，并与值班员共同检查设备状态，有无遗留物件，是否清洁等，然后在工作票上填明工作终结时间，经双方签字后工作方可告终结。

只有在同一停电系统的所有工作票结束，拆除所有接地线、临时遮拦和标示点。已执行完毕的工作票应保存三个月。

九、保证安全的技术措施

保证检修安全的技术措施主要是指停电、挂临时接地线、设置遮拦和标示牌等安全技术措施。应当按照工作和操作票完成各项技术措施；完成过程中应有人监护；操作时工作人员应配用电压等级合适的安全用具。

1. 停电

工作地点必须停电的设备如下：

（1）待检修的设备。

（2）带电部分在工作人员后面或两侧无可靠安全措施的设备。

检修设备停电，必须把各方面的电源完全断开（任何运行中的星形接地设备的中性点必须视为带电设备），必须拉开刀闸，停电后使各方面至少有一个明显的断开点，与停电设备有关的变压器和电压互感器必须从高、低压两侧断开，防止向停电检修设备反送电。断开开关盒刀闸操作把手必须锁住，并采取防止误合闸的措施。

2. 验电

对已停电的线路或设备，不论其经常接入的电压表或其他信号是否指示无电，均不得作为无电压的根据，应进行验电。

验电时，必须用电压等级合适而且合格的验电器在检修设备的进出线两侧分别验电。验电前应先在有电设备上进行试验，以确认验电器良好。

高压验电必须带绝缘手套。35kV 以上的电设备，在没有专用验电器的特殊情况下，可以使用绝缘棒代替验电器，根据绝缘棒端有无火花和放电声来判断有无电压。

3. 装设接地线

当检验明确无电压后，应立即将检修设备接地并三相短路。这是保证工作人员在工作地点防止突然来电的可靠安全措施，同时设备断开部分的剩余电荷也可因接地而放弃。

对于可能送电至停电设备的各部分或可能产生感应电压的停电设备都要装设接地线，

所装接地线与带电部分应符合规定的安全距离。

装设接地线必须由两人进行。若为单人值班，只允许使用接地刀闸接地。装设接地线必须先接接地端，后接导体端。拆接地线的顺序相反。装拆接地线均应使用绝缘棒或戴绝缘手套。

接地线应用多股软裸铜线，其横截面不得小于 $25mm^2$。接地线在每次装设以前应经过检查，损坏的接地线应及时修理或更换。禁止使用不符合规定的导线作接地或短路用。接地线必须用专用夹固定在导体上，严禁用缠绕的方法进行接地或短路。

4. 悬挂标示牌和装设遮拦

遮拦属于能够防止工作人员无意识过分接近带电体，但不能防止工作人员有意识越过它的一种屏护装置。在部分停电检修和不停电检修时，应将带电部分遮拦起来，以保证检修人员安全。

标示牌的作用是提醒人们注意安全，防止出现不安全行为。例如，在室外高压设备的围栏上应悬挂"止步，高压危险！"的警告类标示牌，一经合闸即送电到被检修设备的开关操作手柄上应悬挂"禁止合闸，有人工作！"的禁止类标示牌，在检修地点应悬挂"在此工作！"的提示类标示牌。

工作人员在工作中不得拆除或移动遮拦及标示牌，更不能越过遮拦工作。

第二节　低压带电工作的安全要求

低压带电工作应由有一定实践经验的人员承担，使用有绝缘柄的工具，工作人员应穿长袖工作服，扣紧袖口，穿绝缘鞋或站在干燥的绝缘垫上，戴绝缘手套和安全帽，并要设专人监护。严禁穿背心或短裤进行带电作业。严禁使用锉刀、金属尺等工具，应使用绝缘工具。

在线路上带电工作，应在天气良好的条件下进行，雷雨时应停止工作。

在高低压同杆架设的低压带电线路上工作时，工作人员应先检查与高压的距离，防止误碰高压线路。

在低压带电导线未采取绝缘措施前，工作人员不得穿越导线。在带电的低压配电装置上工作时，要保证人体和大地之间、人体与其他导体之间有良好的绝缘或相应的安全距离。应采取防止相间短路和单相接地的隔离措施。

断开导线时，应先断开相线，后断开中性线、零线。搭接导线时，顺序应相反。工作时要注意防止人体同时接触两根导线而触电。

电气设备在正常情况下不带电的裸露导体接地或接零、加强绝缘、采用安全电压、实行电气隔离、装置漏电保护设备等都是防止间接接触电击的安全措施。而其中的保护接地、保护接零是工程中用以防止间接接触电击最基本的安全措施。长期以来，一些电气工作人员和安全技术人员对这一问题概念模糊，缺乏判断和评估能力。在当前我国电气标准从传统标准向国际标准过渡的情况下掌握保护接地和保护接零的原理、特点、应用和安全条件有着十分重要的意义。

一、保护接地与保护接零

保护接地是指为了人身安全，将电气装置中平时不带电，但可能因绝缘损坏而带上危险的对地电压的外露导电部分（设备的金属外壳或金属构件）与大地作电气连接。采用保护接地后，可使人体触及漏电设备外壳时的接触电压明显降低，因而大大地减少了触电带来的危险性。

保护接地适用于各种不接地的配电系统中，包括低压不接地配电网（如井下配电网）和高压不接地配电网及其不接地的直流配电网中。

保护接零是指为了人身安全，将电气装置中平时不带电，但可能因绝缘损坏而带上危险电压的外露导电部分（设备的金属外壳或金属构件）与电源的中性线（零线）连接起来。采用保护接零后，人体触摸设备外壳时相当于触摸系统的零线，并无触电危险。当设备发生漏电故障使外壳带电时，由于零线的电阻值很小，漏电电流几乎等于短路电流，从而迫使保安系统（熔丝、过流脱扣器等）迅速动作而切断电源，起到漏电保护作用。

保护接零适用于中性点直接接地的配电系统中。

在工程当中，采用了保护接零方式后，通常还会把中性线（零线）在一处或多处通过接地装置与大地再次连接，组成配电网中的重复接地系统。

重复接地在接零保护系统中有着极其重要的作用。

二、IT系统

IT系统就是保护接地系统。第一个大写英文"I"表示配电网不接地或经高阻抗接地，第二个大写英文"T"表示电气设备金属外壳接地。显然，IT系统是配电网不接地或经高阻抗接地，电气设备金属外壳接地的系统。

1. 不接地配电网电击的危险性

在不接地配电网中，如电气设备金属外壳未采取任何安全措施，则当外壳故障带电时，通过人体的电流经线路对地绝缘阻抗构成回路。绝缘阻抗是绝缘电阻和分布电容的并联组合。

尽管故障电流必须经过高值的绝缘阻抗才能构成回路，但在线路较长、绝缘水平较低的情况下，即使是低压配电网，电击的危险性仍然是很大的。例如，当配电网相电压为230V、频率为50Hz、各相对地绝缘电阻均可看作无限大、各相对地电容均为$0.5\mu F$、人体电阻为2000Ω时，可求得漏电设备对地电压为135.4V，流过人体的电流为67.7mA。这一电流远远超过人的心室颤动电流，足以使人致命。

在配电网各相对地绝缘电阻不对称的情况下，定量分析略为烦琐一些，但电击的危险与以上结论基本一致。

2. 对地电压限制

以上分析表明，即使在低压不接地配电网中，也必须采取防止间接接触电击的措施，这种情况下最常用的安全措施是保护接地，即将设备金属外壳经接地线、接地体与大地紧密连接起来。

3. 保护接地应用范围

保护接地适用于各种不接地配电网，包括低压不接地配电网（如井下配电网）和高压不接地配电网，还包括不接地直流配电网。在这些电网中，凡由于绝缘损坏或其他原因而可能带危险电压的正常不带电金属部分，除另有规定外，均应接地。应当接地的具体部位是：

（1）电动机、变压器、开关设备、照明器具、移动式电气设备的金属外壳或金属构架。

（2）OI类和I类电动工具或民用电器的金属外壳。

（3）配电装置的金属构架、控制台的金属框架及靠近带电部分的金属遮拦和金属门。

（4）配线的金属管。

（5）电气设备的传动装置。

（6）电缆金属接头盒、金属外皮和金属支架。

（7）架空线路的金属杆塔。

（8）电压互感器和电流互感器的二次线圈。

直接安装在已接地金属底座、框架、支架等设施上的电气设备的金属外壳一般不必另行接地；在有木质、沥青等高阻导电地面，无裸露接地导体，而且干燥的房间，额定电压交流380V和直流440V及以下的电气设备的金属外壳一般也不必接地；安装在木结构或木杆塔上的电气设备的金属外壳一般也不必接地。

4. 接地电阻允许值

因为故障对地电压等于故障接地电流与接地电阻的乘积，所以各种保护接地电阻不得超过规定的限值。对于低压配电网，由于分布电容很小，单相故障接地电流也很小，限值电气设备的保护接地电阻不超过4Ω即能将其故障时对地电压限制在安全范围以内；如配电容量在100kV·A以下，由于配电网分布范围很小，单相故障接地电流更小，限制电气设备的保护接地电阻不超过10Ω即可满足安全要求。在高压配电网中，由于接地故障电流比低压配电网的大得多，将故障电压限制在安全范围以内是难以实现的。因此，对高压电气设备规定了较高的保护接地电阻允许值，并限制故障持续时间。在高土壤电阻率地区，接地电阻允许适当提高，但必须符合专业标准。

在高土壤电阻率地区，可采用外引接地法、接地体延长法、深埋法、换土法、土壤化学处理法以及网络接地法降低接地电阻。外引接地法是引出接地线与埋在水井内、湖边或大树下等低土壤电阻率处的接地体相连。深埋法是避开地表高电阻层，将接地体埋在更深的地下。换土法是用大量低电阻率土壤替换高电阻率的沙砾或土石。化学处理法是应用氯化钙、氯化钠、氯化锌渣、木炭、黏土等或专门配制的化学减阻剂填入接地体周围，以降低接地电阻；采用固体减阻材料时，可根据需要预先做好加水设施。网络接地法是采用网络状接地体等化故障时地面各点之间的电位，以减小电击的危险性。

在IT系统中，为了减轻过电压的危险，应当将配电网的电压中性点经过穿保险器接地。为了减少一相故障接地的危险，不接地配电网应装设能发出声、光双重信号的绝缘监视装置。

三、TT系统

1. TT系统限压原理

TT系统是配电网中性点直接接地，用电设备外壳也采取接地措施的系统。前后两个字母"T"分别表示配电网中性点和电气设备金属外壳接地。对于一般的过流保护，实现速断是不可能的。因此，一般情况下不能采用 TT 系统。如确有困难，不得不采用 TT 系统，则必须将故障持续时间限制在允许范围内。

2. TT 系统速断条件

在 TT 系统中，可装设剩余电流保护装置或其他装置限制持续时间。故障最大持续时间原则上不得超过 5s。

3. TT 系统应用范围

TT 系统主要用于低压共用用户，即用于未装备配电变压器，从外面引进低压电源的小型用户。

四、TN 系统

目前，我国地面上低压配电网绝大多数都采用中性点直接接地的三相四线配电网。在这种配电网中，TN 系统是应用最多的配电及防护方式。

1. TN 系统的安全原理

TN 系统是三相四线配电网低压中性点直接接地，电气设备金属外壳采取接零措施的系统。字母"T"和"N"分别表示配电网中性点直接接地和电气设备金属外壳接零。设备金属外壳与保护零线连接的方式称为保护接零。在这种系统中，当某一相线直接连接设备金属外壳时，即形成单相短路。短路电流促使线路上的短路保护装置迅速动作，在规定时间内将故障设备断开电源，消除电击危险。

2. TN 系统的种类及应用

保护接零适用于电压 0.23kV/0.4kV 低压中性点直接接地的三相四线配电系统。应接保护导体部位与保护接地相同。

TN 系统有三种类型，即 TN-S 系统、TN-C-S 系统和 TN-C 系统。其中，TN-S 系统是有专用保护零线（PE 线），即保护零线与工作零线（N 线）完全分开的系统。爆炸危险性较大或安全要求较高的场所应采用 TN-S 系统；有独立附设变电站的车间宜采用 TN-S 系统。TN-C-S 系统是干线部分保护零线与工作零线前部共用（构成 PEN 线）、后部分开的系统。厂区设有变电站，低压进线的车间以及民用楼房可采用 TN-C-S 系统。TN-C 系统是干线部分保护零线与工作零线完全共用的系统，用于无爆炸危险和安全条件较好的场所。施工现场专用临时用电，中性点直接接地的供电系统，必须采用 TN-S 保护接零系统。PE 线应单独敷设，不作他用，如果使用电缆，必须选用五芯电缆。重复接地只能与 PE 线连接。

由同一台变压器供电的配电网中，一般不允许采用部分设备接零、部分设备仅仅接地的运行方式，即一般不允许同时采用 TN 系统和 TT 系统的混合运行方式。在这种情况下，当接地的设备相线碰连金属外壳时，该设备和零线（包括所有接零设备）将带有危险的对地电压。

这两个电压都可能给人以致命的电击。而且，由于故障电流是不太大的接地电流，一般的过电流保护不能实现速断，危险状态将长时间存在。因此，这种混合运行方式一般是不允许的。

附录 B 电工上岗证考核模拟题库

一、安全操作类（选择）

1. 在遇到高压电线断落地面时，导线断落点（C）m 内禁止人员进入。

A. 5   B. 10   C. 20   D. 30

2. 机器停用时要关上电源，是为了（B）。

A. 节省能源   B. 预防事故   C. 保养机器   D. 省电

3. 电工作业人员的复审时间为（A）年。

A. 2   B. 3   C. 3   D. 4

4. 电线管道应尽可能敷设在热力管道的（A）。

A. 下方   B. 上方   C. 上方或水平   D. 水平

5. 任何电气设备在未验明无电之前，一律按（C）处理。

A. 无电   B. 也许无电   C. 有电   D. 也许有电

6. 我国一般采用的安全电压为（B）。

A. 30V 和 15V   B. 36V 和 12V   C. 50V 和 25V   D. 36V 和 15V

7. 变压器中性点接地叫（A）接地。

A. 工作   B. 保护   C. 安全   D. 危险

8. 变压器外壳接地叫（B）接地。

A. 工作   B. 保护   C. 安全   D. 危险

9. 为防止雷电波入侵重要用户，最好采用（A）供电。

A. 全铜线   B. 全电缆   C. 全铁线   D. 全铝线

10. 在建筑物或高大树木屏蔽的街道躲避雷暴时，应离开墙壁和树干（B）m 以上。

A. 5   B. 8   C. 2   D. 3

11. 雷暴时，在户内应注意雷电侵入波的危险，应离开明线、动力线、电话线、广播线、收音机和电视机电源线和天线以及与其相连的各种设备（C）m 以上，以防这些线路或导体对人的二次放电。

A. 0.5   B. 1   C. 1.5   D. 2

12. 独立避雷针的接地装置在地下与其他接地装置的距离不宜小于（C）m。

A. 1   B. 2   C. 3   D. 4

13. 爆炸危险场所使用的电缆和导线的额定电压不得低于（B）V。

A. 400   B. 500   C. 1000   D. 800

14. 通风、正压型电气设备应与通风、正压系统联锁，停机时应先停（B）。

A. 通风设备   B. 电气设备   C. 总开关   D. 电源

15. 验电器可区分火线和地线，接触时氖泡发光的线是（B）。

A. 地线   B. 火线   C. 都可以   D. 都不可以

16. （A）kV 绝缘靴适用于低压作业电工穿用，1kV 以上严禁使用。

A. 5　　　　　　B. 6　　　　　　C. 20　　　　　　D. 25

17. 接地线和接零线可利用自然导体，如（C）。

A. 氢气管道　　　B. 煤气管道　　　C. 管接头焊牢的水管　D. 安全管道

18. 装设接地线必须由两人进行，由技术级别高的（B）。

A. 操作　　　　　B. 监护　　　　　C. 安装　　　　　D. 维修

19. 各保护接零设备的保护线与电网零干线相连时，应采用（B）方式，保护线与工作零线不得共线。

A. 串联　　　　　B. 并联　　　　　C. 混联　　　　　D. 顺联

20. 屏护装置把（B）同外界隔离开来，防止人体触及或接近。

A. 绝缘体　　　　B. 带电体　　　　C. 电器　　　　　D. 电源

21. 拆除接地线时，应（A）。

A. 先拆导电端，后拆接地端　　　　B. 先拆接地端，后拆导电端

C. 两者同时拆　　　　　　　　　　D. 都可以

22. 拉线开关距离地面安装高度为（C）m。

A. 0.5～1　　　　B. 5～7　　　　　C. 2～3　　　　　D. 4～5

23. 在易燃、易爆场所的照明灯，应使用防爆型或密闭型灯具，在多尘、潮湿和腐蚀性气体的场所，应使用（C）型灯具。

A. 开启　　　　　B. 保护　　　　　C. 密闭　　　　　D. 开放

24. 电器着火时下列不能用的灭火方法是（C）。

A. 用四氯化碳或 1211 灭火器进行灭火　B. 用沙土灭火

C. 用水灭火　　　　　　　　　　　　D. 以上方法都不可以

25. 接地装置的接地体与建筑物之间的距离不应小于（C）m。

A. 0.8　　　　　　B. 1　　　　　　C. 1.5　　　　　　D. 2

26. 工作零线与保护接零线不能直接短接，（C）在设备正常工作时不起作用，而工作零线是设备正常工作时必需的。

A. 接地保护　　　B. 保护接地线　　C. 保护接零线　　D. 不接地保护

27. 我国采用的交流电频率为（B）Hz。

A. 30　　　　　　B. 50　　　　　　C. 60　　　　　　D. 80

28. 避雷器是一种专门的防雷设备，它（B）在被保护设备或设施上。

A. 串联　　　　　B. 并联　　　　　C. 混联　　　　　D. 顺联

29. 电缆经过易燃易爆及腐蚀性气体场所敷设时，应（A）。

A. 穿管保护，管口保护　　　　　　B. 用防腐型电缆

C. 直接埋设　　　　　　　　　　　D. 间接埋设

30. 雷雨天气需要巡视室外高压设备时，应穿绝缘靴，并不得靠近避雷器和避雷针，离开避雷针至少（C）m 以上。

A. 1　　　　　　　B. 3　　　　　　C. 5　　　　　　　D. 8

31. 为了防止电磁场的危害，应采取接地和（A）防护措施。

A. 屏蔽 B. 绝缘 C. 隔离 D. 直接

32. 发现电气火灾后，首先要切断电源，高压应（C），低压应先操作磁力起动器，后操作闸刀开关。

A. 先操作闸刀开关，后操作磁力启动器 B. 先操作磁力开关，后操作油断路器

C. 先操作油断路器，后操作隔离开关 D. 先操作油断路器，后操作开关

33. 工作零线与保护接零线不能直接短接，工作零线是设备正常时必须的，而（C）在设备正常工作时不起作用。

A. 接地保护 B. 保护零线 C. 保护接零线 D. 无保护

34. 电器着火时下列不能用的灭火方法是：（C）。

A. 用四氯化碳或 1211 灭火器进行灭火 B. 用沙土灭火

C. 用水灭火 D. 用二氧化碳灭火

35. 我国 220kV 及以上系统的中性点均采用（A）。

A. 直接接地方式 B. 经消弧线圈接地方式

C. 经大电抗器接地方式 D. 不接地方式

36. 一般避雷线的保护角取（D）。

A. 20° B. 40° C. 10°～20° D. 20°～30°

37. 避雷线一般采用截面面积不小于（D）mm² 的镀锌钢铰线。

A. 20 B. 25 C. 30 D. 35

38. 下列主要用来保护露天配电设备的器件是（A）。

A. 避雷针 B. 避雷网 C. 避雷器 D. 避雷线

39. 用水灭火时，水喷嘴至带电体的距离 35kV 时应不小于（D）m。

A. 1 B. 0.5 C. 0.7 D. 0.6

40. 雷电有很大的破坏作用，可损坏设备或设施，具体有三方面的破坏作用，不属三方面的破坏作用的是（B）。

A. 电性质的破坏作用 B. 化学性质的破坏作用

C. 热性质的破坏作用 D. 机械性质的破坏作用

41. 用水灭火时，水喷嘴至带电体的距离 110kV 及以下时应大于（C）m。

A. 1 B. 2 C. 3 D. 4

42. 从事 60～110kV 高压试验时，操作人员与被试验设备的最小距离为（B）。

A. 0.7m B. 1.5m C. 1.2m D. 2.0m

43. 工作在（A）的高度且有可能垂直坠落的即为高处作业。

A. 2m 及以上 B. 3m 及以上 C. 4m 及以上 D. 5m 及以上

44. 挖掘作业时，机械挖掘设备距空中导线最小距离（B）。

A. 低压 0.5m，高压 1m B. 低压 1m，高压 2m

C. 低压 2m，高压 4m D. 低压 4m，高压 8m

45. 两根等高避雷针之间的距离与针高之比不宜大于（C）。

A. 1 B. 3 C. 5 D. 6

46. 室外跌落式熔断器与地面的垂直夹角应保证（A）。

A. 15°～30°   B. 20°～30°   C. 25°～35°   D. 45°～55°

47. 高压电力电缆（6～10kV）应用（C）绝缘电阻表测试绝缘电阻值。

A. 500V   B. 1000V   C. 5000V   D. 10000V

48. 下列主要用于保护输电线路的器件是（D）。

A. 避雷针   B. 避雷网   C. 避雷器   D. 避雷线

49. 下列不属于接闪器的器件有（C）。

A. 避雷针   B. 避雷线   C. 避雷网   D. 避雷器

50. 有固体可燃物存在，并在数量和配置上能引起火灾危险的场所为（C）场所。

A. H－1   B. H－2   C. H－3   D. H－4

51. 对架空线路等高空设备进行灭火时，人体位置与带电体之间的仰角应不超过（B）。

A. 40°   B. 45°   C. 30°   D. 60°

52. 从事 10kV 及以下高压试验时，操作人员与被试验设备的最小距离为（A）。

A. 0.7m   B. 1.5m   C. 1.2m   D. 1.0m

53. 用插头直接带负载，电感性不应大于（C）。

A. 2000W   B. 1000W   C. 500W   D. 1500W

54. 钢管布线中，同一交流回路中的导线必须穿于（A）内。

A. 同一钢管   B. 不同钢管   C. 任意钢管   D. 钢管

55. 终端拉线用于（C）。

A. 转角杆   B. 直线杆   C. 终端和分支杆   D. 分支杆

56. 空气相对湿度经常超过 75% 的场所属于（B）场所。

A. 无较大危险   B. 危险   C. 特别危险   D. 无危险

57. 电力电缆的终端头金属外壳（A）。

A. 必须接地   B. 在配电盘装置一端须接地

C. 在杆上须接地   D. 不接地

58. 我国 220kV 及以上系统的中性点均采用（A）。

A. 直接接地方式   B. 经消弧线圈接地方式

C. 经大电抗器接地方式   D. 不接地方式

59. 线路的过电流保护是保护（C）的。

A. 开关   B. 变流器   C. 线路   D. 母线

60. 当线圈中的电流（A）时，线圈两端产生自感电动势。

A. 变化时   B. 不变时   C. 很大时   D. 很小时

61. 交流电路中，某元器件电流的（C）值是随时间不断变化的量。

A. 有效   B. 平均   C. 瞬时   D. 最大

62. 电流通过人体最危险的途径是（B）。

A. 左手到右手   B. 左手到脚   C. 右手到脚   D. 左脚到右脚

63. 电气工作人员在 10kV 配电装置附近工作时，其正常活动范围与带电设备的最小安全距离是（D）。

A. 0.2m   B. 0.35m   C. 0.4m   D. 0.5m

64. 为了保障人身安全，将电气设备正常情况下不带电的金属外壳接地称为（B）。

A. 工作接地   B. 保护接地   C. 工作接零   D. 保护接零

65. 电气工作人员对《电业安全工作规程》应每年考试一次。因故间断电气工作连续（B）以上者，必须重新温习本规程，并经考试合格后方能恢复工作。

A. 一年   B. 3个月   C. 6个月   D. 两年

66. 安装配电盘控制盘上的电气仪表外壳（B）。

A. 必须接地   B. 不必接地   C. 视情况定   D. 不确定

67. RCD后面的工作零线（A）重复接地。

A. 不能   B. 可以   C. 随意   D. 一定要

68. 高压设备发生接地故障时，室外不得接近故障点（D）以内。

A. 3m   B. 4m   C. 5m   D. 8m

69. 高压设备发生接地故障时，室内不得接近故障点（A）以内。

A. 4m   B. 5m   C. 8m   D. 3m

70. 为预防电气设备过热引发火灾，电气设备的额定功率要（B）负载的功率，电线的截面积允许电流要（B）负载。

A. 小于、小于   B. 大于、小于

C. 等于、小于   D. 小于、大于

71. 为保人身安全，直流电压的限值为（C）V。

A. 36   B. 50   C. 120   D. 240

72. 交流安全电压有效值的限值为（A）V。

A. 50   B. 120   C. 36   D. 220

73. A级绝缘材料极限工作温度为（B）℃。

A. 95   B. 105   C. 120   D. 125

74. 保护中性线的安全色是（B）。

A. 淡蓝色   B. 竖条间隔淡蓝色 C. 绿黄双色   D. 竖条间隔淡黄色

75. 设备外壳保护线（PE线）用（C）作安全色。

A. 淡蓝色   B. 灰色   C. 绿黄双色绞线 D. 黄色绞线

76. 工作零线用（B）作安全色。

A. 黑色   B. 淡蓝色   C. 灰色   D. 黄色

77. 检修设备装设接地线，可采用（B）方法。

A. 缠绕   B. 接地线卡   C. 缠绕或接地线卡 D. 上述都不对

78. 检修设备装设接地线，其截面不得小于（C）mm²。

A. 16   B. 20   C. 25   D. 30

79. 工作人员工作中与无安全遮栏的35kV带电设备距离要大于（C）m，否则该设备要停电。

A. 0.6   B. 0.7   C. 1   D. 2

80. 工作人员工作中正常活动范围与10kV带电设备的距离中间无安全遮栏要大于

（B）m，否则该设备要停电。

    A. 0.6   B. 0.7   C. 1   D. 2

81. 工作人员工作中正常活动范围与 35kV 带电设备的安全距离要大于（B）m。

    A. 0.35   B. 0.6   C. 1   D. 2

82. 工作人员工作中正常活动范围与 10kV 带电设备的安全距离要大于（A）m。

    A. 0.35   B. 0.45   C. 0.7   D. 0.8

83. 设备发生接地故障时，跨步电压值与设备运行电压值（A）。

    A. 成正比   B. 成反比   C. 无关   D. 不成比例

84. 电气设备金属外壳、构架必须（A）。

    A. 接地   B. 接相线   C. 不接地   D. 与大地作良好绝缘

85. 接地体的连接应采用（A）形式。

    A. 搭接焊   B. 螺栓连接   C. 对焊接   D. 对绞接

86. 对于运行的 10kV 电气设备中的绝缘油，其电气强度规定为（C）。

    A. 不小于 10kV   B. 不小于 15kV   C. 不小于 25kV   D. 不小于 35KV

87. 设备发生接地时室内不得接近故障点（C）m。

    A. 2   B. 3   C. 4   D. 5

88. 在正常情况下，绝缘材料也会逐渐因（B）而降低绝缘性能。

    A. 磨损   B. 老化   C. 腐蚀   D. 机械损伤

89. 电器设备未经验电，一律视为（A）。

    A. 有电   B. 无电   C. 带 220V 电压   D. 可能安全

90. 发现断路器严重漏油时，应（C）。

    A. 立即将重合闸停用   B. 立即断开断路器

    C. 采取禁止跳闸的措施   D. 不用采取措施

91. 在 6～10kV 中性点不接地系统中，发生单相接地时，非故障相的相电压将（C）。

    A. 升高一倍   B. 升高不明显   C. 升高 1.73 倍   D. 升高两倍

92. 蓄电池电解液应是（A）。

    A. 导体   B. 绝缘体   C. 半导体   D. 超导体

93. 巡视检查时应注意安全距离：高压柜前 0.6m，10kV 以下（A）。

    A. 0.7m   B. 0.9m   C. 1m   D. 1.5m

94. 拉线开关距地面一般为 2.2～2.8m，距门框为（A）。

    A. 100～150mm   B. 150～200mm

    C. 250～300mm   D. 300～350mm

95. 当电器容量在 0.5kW 以下的电感性负荷或 2kW 以下的电阻性负荷时，允许采用（A）代替开关。

    A. 插销   B. 交流接触器   C. 空气开关   D. 保险丝

96. 电容器重新合闸前，至少应放电（C）。

    A. 1min   B. 2min   C. 3min   D. 4min

97. 内部未装熔丝的 10kV 电力电容器应按台装熔丝保护，其熔断电流应按电容器额定电流的（C）倍选择。

　　A. 1～1.5　　　　　B. 1.5～2　　　　　C. 1.5～2.5　　　　　D. 2～4

98. 下列气体属于易燃易爆的是（B）。

　　A. 氧气　　　　　　B. 乙炔　　　　　C. 二氧化碳　　　　　D. 氩气

99. 在电路中，电流之所以能流动，是由电源两端的电位差造成的，我们把这个电位差叫作（A）。

　　A. 电压　　　　　　B. 电源　　　　　C. 电流　　　　　　　D. 电容

100. 水中作业时安全电流应取（D）mA。

　　A. 25　　　　　　　B. 15　　　　　　C. 10　　　　　　　　D. 5

101. 起重机具与1kV以下带电体的距离应该为（B）。

　　A. 1.0m　　　　　　B. 1.5m　　　　　C. 2.0m　　　　　　　D. 2.5m

102. 纯电阻交流电路中，电压与电流的相位关系是（B）的。

　　A. 电压超前电流90°　　　　　　　　B. 一致

　　C. 电压滞后电流90°　　　　　　　　D. 电压与电流相位差180°

103. 保护接零时，保险丝应该安装在（B）上。

　　A. 零线　　　　　　B. 相线　　　　　C. 零线或相线　　　　D. 保护零线

104. 电弧放电时，一方面产生（B），同时还会产生弧光辐射。

　　A. 微热　　　　　　B. 高热　　　　　C. 强光　　　　　　　D. 烟尘

105. 发生电气火灾后必须进行带电灭火时，应该使用（B）。

　　A. 消防水喷射　　　B. 二氧化碳灭火器　C. 泡沫灭火器　　　　D. 四氯化碳灭火器

106. 油断路器中油的主要作用是（A）。

　　A. 灭弧　　　　　　B. 润滑　　　　　C. 导电　　　　　　　D. 液压

107. 工厂区低压架空线路的对地距离应不低于（B）。

　　A. 4.5m　　　　　　B. 6.0m　　　　　C. 7.5m　　　　　　　D. 8m

108. 接到严重违反电气安全工作规程制度的命令时，应该（C）。

　　A. 考虑执行　　　　B. 部分执行　　　C. 拒绝执行　　　　　D. 不执行

109. 电缆从地下引至电杆、设备、墙外表面或屋外行人容易接近处，距地面高度（C）以下的一段需穿保护管或加装保护罩。

　　A. 1m　　　　　　　B. 1.5m　　　　　C. 2m　　　　　　　　D. 3m

110. 1kV及以下架空线路通过居民区时，导线与地面的距离在导线最大弛度时，应不小于（B）。

　　A. 5m　　　　　　　B. 6m　　　　　　C. 7m　　　　　　　　D. 8m

111. 戴绝缘手套进行操作时，应将外衣袖口（A）。

　　A. 装入绝缘手套中　B. 卷上去　　　　C. 套在手套外面　　　D. 随便放

112. 装设接地线时，应（B）。

　　A. 先装中相　　　　　　　　　　　　B. 先装接地端，再装导线端

　　C. 先装导线端，再装接地端　　　　　D. 先装中相，再装接地端

113. 值班人员巡视高压设备（A）。

A. 一般由二人进行　　　　　　　　B. 值班员可以干其他工作

C. 若发现问题可以随时处理　　　　D. 一般由一堆人进行

114. 在值班期间需要移开或越过遮栏时（C）。

A. 必须有领导在场　　　　　　　　B. 必须先停电

C. 必须有监护人在场　　　　　　　D. 必须有群众在场

115. 绝缘手套的测验周期是（B）。

A. 每年一次　　　B. 六个月一次　　C. 五个月一次　　D. 两年一次

116. 室外雨天使用高压绝缘棒，为隔阻水流和保持一定的干燥表面，需加适量的防雨罩，防雨罩安装在绝缘棒的中部，额定电压 35kV 时不少于（B）。

A. 3 只　　　　　B. 4 只　　　　　C. 5 只　　　　　D. 6 只

117. 室外雨天使用高压绝缘棒，为隔阻水流和保持一定的干燥表面，需加适量的防雨罩，防雨罩安装在绝缘棒的中部，额定电压 10kV 及以下的，装设防雨罩不少于（A）。

A. 2 只　　　　　B. 3 只　　　　　C. 4 只　　　　　D. 5 只

118. 我国规定安全电压额定值有 42V、36V、（B）、12V 和 6V。

A. 30V　　　　　B. 24V　　　　　C. 10V　　　　　D. 20V

119. 保证安全的技术措施有停电、验电、装设接地线和（C）。

A. 拉开断路器和隔离开关　　　　　B. 三相电源短路

C. 悬挂标示牌和装设遮栏　　　　　D. 合上断路器和隔离开关

120. 当某一电力线路发生接地，距接地点越近，跨步电压（C）。

A. 不变　　　　　B. 越低　　　　　C. 越高　　　　　D. 不能确定

121. 电气设备保护接地电阻越大，发生故障时漏电设备外壳对地电压（C）。

A. 越低　　　　　B. 不变　　　　　C. 越高　　　　　D. 不能确定

122. 电流的大小是指每秒钟内通过导体横截面积的（B）量。

A. 有功　　　　　B. 电荷　　　　　C. 无功　　　　　D. 负荷

123. 对于中小型电力变压器，投入运行后每隔（C）要大修一次。

A. 1 年　　　　　B. 2～4 年　　　　C. 5～10 年　　　　D. 15 年

124. 在保护接地系统中，当碰触有电设备外壳，其外壳对地电压与单相短路电流（A）。

A. 成正比　　　　B. 成反比　　　　C. 无关　　　　　D. 不确定

125. 电气操作过程中发生疑问或发现异常时，应（A）。

A. 立即停止操作　　B. 继续进行　　C. 更改操作票　　D. 不理会

126. 当停电检修的低压电网与运行的低压电网共用零线时，零线上（B）接地线。

A. 不装设　　　　B. 装设　　　　　C. 无危害　　　　D. 拒绝

127. 工作人员工作中正常活动范围与 380V 带电设备的安全距离应大于（C）m。

A. 0.7　　　　　B. 0.6　　　　　C. 0.35　　　　　D. 0.5

128. 保护接地线用（B）色线。

A. 红　　　　　　B. 黄绿　　　　　C. 黄　　　　　　D. 绿

129. 35kV 设备不停电时的安全距离为（C）m。

A. 0.6　　　　　B. 0.7　　　　　C. 1　　　　　D. 1.5

130. 直接埋地电缆深度不得小于（B）m。

A. 0.5　　　　　B. 0.7　　　　　C. 1　　　　　D. 1.5

131. 220V 单相供电网络运行电压允许波动范围在（B）。

A. ±7%　　　　　B. ＋7%～－10%　　C. ±10%　　　　　D. ±20%

132. 高压设备发生接地时，室内不得接近故障点 4m 以内，室外（B）m 内。

A. 4　　　　　　B. 8　　　　　　C. 10　　　　　D. 15

133. 雷电按危害方式分为直击雷、感应雷和（C）。

A. 电磁感应　　　B. 静电感应　　　C. 雷电侵入波　　D. 侵入波

134. 电气设备过热有这几种情况：短路、过载、（A）、铁心发热和散热不良。

A. 接触不良　　　B. 温度过高　　　C. 电流过大　　　D. 电流过小

135. 电源容量大于 100kV·A，要求低压电气设备接地电阻不超过（A）Ω。

A. 4　　　　　　B. 10　　　　　　C. 30　　　　　D. 15

136. 低压带电工作时，搭接导线应先接好（B）。

A. 相线　　　　　B. 中性零线　　　C. 零线　　　　　D. 相线与零线

137. 验电器电气试验周期为（B）。

A. 一年　　　　　B. 六个月　　　　C. 三个月　　　　D. 一个月

138. 电器的容量在（B）kW 以下的电感性负荷可用插销代替开关。

A. 0.2　　　　　B. 0.5　　　　　C. 2　　　　　　D. 0.25

139. 绝缘靴的试验周期是（B）。

A. 每年一次　　　B. 六个月一次　　C. 三个月一次　　D. 一个月一次

140. 在值班期间需要移开或越过遮栏时（C）。

A. 必须有领导在场　　　　　　　B. 必须先停电

C. 必须有监护人在场　　　　　　D. 以上答案都不正确

141. 限制导线的最高温度就必须将通过导线的（B）限制在安全范围内。

A. 电压　　　　　B. 电流　　　　　C. 电量　　　　　D. 功率

142. 交流弧焊机在停止焊接或换焊条时，空载电压为 60～75V，对人（B）。

A. 没有危险　　　B. 仍有危险　　　C. 可能有危险　　D. 有严重危险

143. 红外线照射皮肤时，大部分被吸收，只有（B)% 左右被反射。

A. 0.4　　　　　B. 1.4　　　　　C. 2.4　　　　　D. 3.4

144. 根据标准，闪点在（B）以下的液体划为一级易燃液体。

A. 0℃　　　　　B. 28℃　　　　　C. 40℃　　　　　D. 60℃

145. 根据防火规定，仓库内不应使用（B）W 以上的白炽灯泡。

A. 40　　　　　　B. 60　　　　　　C. 100　　　　　D. 200

146. 可燃性气体或蒸气与空气组成的混合物能使火焰蔓延的最高浓度称（B）。

A. 爆炸极限　　　B. 爆炸上限　　　C. 爆炸下限　　　D. 爆炸限度

147. 高层建筑物内的消防设施，（B）要进行一次全面检查。

A. 每月　　　　　B. 每个季度　　　C. 每半年　　　　D. 每年

148. 厂房内若设置贮存甲、乙类物品的中间仓库时，其贮量不应超过（B）的需要量，仓库应用间隔墙与其他部位隔开。

A. 八小时　　　　　B. 一昼夜　　　　　C. 三天　　　　　D. 一周

149. 防火间距是指某座建筑物起火，相邻建筑物在辐射热的作用下，（B）分钟内在无扑救条件下不会着火的距离。

A. 10　　　　　B. 20　　　　　C. 30　　　　　D. 60

150. 物理性爆炸是指由于热作用，液体变为气体或蒸气，使体积膨胀，压力（B），大大超过容器本身的极限强度，从而发生的爆炸。

A. 增高　　　　　B. 急剧增高　　　　　C. 缓慢增高　　　　　D. 压力不变

151. 乙炔瓶的表面温度不能超过（C）℃。

A. 20　　　　　B. 30　　　　　C. 40　　　　　D. 50

152. 标准化作业标准是安全生产规章制度的（C）。

A. 规范化　　　　　B. 程度化　　　　　C. 具体化　　　　　D. 标准化

153. 能自动监测、控制机器设备或工作场所的工作参数、工作状态，发生异常情况时能自动报警和消除危险的装置称为（C）。

A. 自动保安装置　　B. 自动监护装置　　C. 自动监控装置　　D. 自动安全装置

154. 机械伤害的原因是（C）。另外，也涉及环境因素。

A. 人的不安全行为　　　　　　　　B. 物的不安全因素
C. 人的不安全行为和物的不安全因素　　D. 管理失误

155. 《磨削机械安全规程》规定：砂轮卡盘的直径不得小于被安装砂轮直径的（C）。

A. 1/4　　　　　B. 1/2　　　　　C. 1/3　　　　　D. A 或 C

156. 生产过程中从皮肤吸入（C）可引起缺氧窒息而中毒。

A. 铅气　　　　　B. 锰尘　　　　　C. 苯胺　　　　　D. 一氧化碳

157. 尘肺中对人体的危害程度最严重的是（C）。

A. 棉尘肺　　　　　B. 煤尘肺　　　　　C. 矽肺　　　　　D. 水泥尘肺

158. 用屏蔽或其他方法使人体与生产过程的危险因素隔离的装置称为（C）。

A. 屏蔽装置　　　　　B. 安全装置　　　　　C. 防护装置　　　　　D. 保险装置

159. 在实现"安全第一"的诸方面工作中，做好（C）工作是最主要的。

A. 事故处理　　　　　　　　　B. 宣传教育
C. 预防　　　　　　　　　　D. 生产性工程建设项目"三同时"

160. 按现时人们的概念，当危险的发生概率降低到（C）以下，就认为这种危险可以接受。

A. 10^3　　　　　B. 10^4　　　　　C. 10^6　　　　　D. 10^8

161. （C）是造成事故的间接原因，但却是本质的原因。

A. 人因　　　　　B. 物因　　　　　C. 管理原因　　　　　D. A 和 B

162. 在起重作业中，麻绳常用于辅助性作业。若超过（C）公斤的货物，不能用麻绳捆扎起吊。

A. 200　　　　　B. 300　　　　　C. 500　　　　　D. 1000

163. 液化石油气瓶连接气瓶与割炬的胶管，应使用耐油胶管。胶管的爆破压力不应小于最大工作压力的 （C） 倍。

A. 2　　　　　　　B. 3　　　　　　　C. 4　　　　　　　D. 5

164. 因电气线路短路产生的火花，点燃附近易燃物着火而引起的工人烧伤，属于 （C） 事故类别。

A. 触电　　　　　B. 化学伤害　　　　C. 火灾　　　　　D. 灼烫

165. （C） 的物体和物质，称为致害物。

A. 导致事故发生　　　　　　　　　　B. 直接引起伤害

C. 直接引起伤害和中毒　　　　　　　D. 间接引起伤害

166. 劳动环境中，苯毒物国家标准允许浓度为 （C） mg/m³。

A. 20　　　　　　B. 30　　　　　　C. 40　　　　　　D. 50

167. 在高温环境中，毒物作用一般比在常温条件下 （C）。

A. 小　　　　　　B. 不变　　　　　C. 大　　　　　　D. 不确定

168. 车间内噪声源数量较多，而且声源在车间内分布得较为分散时，宜优先采取 （C）。

A. 隔声间　　　　B. 隔声罩　　　　C. 吸声处理　　　D. 消声器

169. 当空气中含有最少量的可燃物质，所形成的混合物遇着火源能引起爆炸，这种能引起爆炸的浓度叫做 （C）。

A. 爆炸极限　　　B. 爆炸极限　　　C. 爆炸下限　　　D. 爆炸限度

170. 根据安全要求，油脂类物质严禁接近 （C）。

A. 乙炔气瓶　　　B. 液化石油气瓶　C. 氧气瓶　　　　D. 氩气瓶

171. 液体的火灾危险性是根据其 （C） 来划分等级的。

A. 自燃点　　　　B. 燃点　　　　　C. 闪点　　　　　D. 沸点

172. 开启油桶的盖子，要使用有色金属工具，这属 （C） 的防止火灾的措施。

A. 控制可燃物　　B. 隔绝空气　　　C. 消除着火源　　D. 阻止火势蔓延

173. 生产的火灾危险性一般分为 （C）。

A. 甲、乙、丙三类　　　　　　　　　B. 甲、乙、丙、丁四类

C. 甲、乙、丙、丁、戊五类　　　　　D. 甲、乙、丙、丁、戊、已六类

174. 贮存物品的火灾危险性分 （C） 类。

A. 三　　　　　　B. 四　　　　　　C. 五　　　　　　D. 六

175. 液体、气体可燃物的压力越高，自燃点 （C）。

A. 越高　　　　　　　　　　　　　　B. 不变

C. 越低　　　　　　　　　　　　　　D. 可能是越高，也可能是越低

176. 燃烧是指可燃物与 （D） 作用发生的放热反应，通常伴有火苗和冒烟的现象。

A. 氧　　　　　　B. 氧化物　　　　C. 氯化物　　　　D. A 和 B

177. 燃烧是一种复杂的化学反应，这种化学反应实际上是剧烈的 （D） 化应。

A. 物理　　　　　B. 混合　　　　　C. 还原　　　　　D. 氧化

178. 一切可燃液体的燃点都高于闪点，易燃液体的燃点一般比闪点高 （D）℃。

A. 6   B. 7   C. 10   D. 1~5

179. 二氧化碳灭火剂不能扑救（D）物质。

A. 电器设备   B. 精密仪器   C. 图书   D. 金属钾

180. 我国工矿企业发生工伤事故的死亡人数计算时间是（C）天。

A. 7   B. 10   C. 30   D. 60

181. （C）属于安全色种类。

A. 白   B. 黑   C. 蓝   D. 橙

182. （C）视认性不好，但具有安全、和平的意义。因此，它用作表示安全或用作提示。

A. 白色   B. 黄色   C. 绿色   D. 灰色

183. 实行确认制是防止发生（C）的有效措施。

A. 违章指挥   B. 冒险作业   C. 误操作   D. 职业危害

184. 叉车、铲车严禁超载、偏载使用，其（C）应在规定值范围内使用。

A. 最大起重量   B. 货物重心   C. 载荷中心   D. A. 和 B.

185. 消声器是一种用于有效地衰减（C）的降噪装置。

A. 机械噪声   B. 电磁噪声   C. 空气动力噪声   D. 所有类型噪声

186. 矽肺是由于长期吸入含有较高浓度的（C）粉尘而引起肺组织纤维化为主的全身性疾病。

A. 游离二氧化矽   B. 二氧化矽   C. 游离二氧化硅   D. 二氧化硅

187. 某下水道是多间化工厂污水的集中排出管道，进入该下水道清理沉积物时可能接触硫化氢、甲烷等毒物。为防止中毒，工作人员必须佩戴（C）。

A. 防护头盔   B. 过滤防毒面具   C. 氧气呼吸器   D. 纱布口罩

188. 广州地区夏季室外通风设计计算温度为（C）℃。

A. 29   B. 30   C. 33   D. 34

189.《职业性接触毒物危害程度分级》中甲苯、二甲苯属（C）级毒物。

A. Ⅰ   B. Ⅱ   C. Ⅲ   D. Ⅴ

190. 任何一个系统都要和物质、能量及信息发生关系，其中尤其重要的是（D）。

A. 人员   B. 物质   C. 能量   D. 信息

191. 在进行电气灭火时，应根据（D）的具体情况采取必要的安全措施。

A. 电气设备   B. 火灾现场   C. A. 和 B.   D. A 或 B

192. 所谓严重有害作业场所即是有（D）的作业场所。

A. 有严重危害因素   B. 生产性毒物危害   C. 生产性粉尘危害   D. B 和 C

193. 在气焊作业时，乙炔瓶与明火的距离不应小于（D）m。

A. 2   B. 3   C. 5   D. 10

194. 工人长时间接触（D）可引起致癌。

A. β射线   B. 噪声   C. 一氧化碳   D. 苯

195. 以下事故分类错误的是（D）。

A. 轻伤事故，只发生轻伤的事故

B. 重伤事故，发生了重伤但是没有死亡的事故

C. 死亡事故，一次事故中死亡 1～2 人的事故

D. 重大死亡事故，一次事故中死亡 10 人以上的事故

196. 电焊钳应保证操作灵便、重量不得超过（C）g。

A. 400 B. 500 C. 600 D. 700

197. 可燃物质受热升温，无需明火作用则发生燃烧的现象称为（A）。

A. 自燃 B. 闪燃 C. 着火 D. 燃烧

198. 特种作业操作证（B）年复审一次。

A. 1 B. 2 C. 3 D. 6

199. 焊割作业点距氧气瓶距乙炔瓶宜在（A）m 以上。

A. 5 B. 10 C. 15 D. 20

200. 由同一台变压器供电的配电网中（A）一部分电气设备采用保护接地另一部分电气设备采用保护接中性导体。

A. 不允许 B. 允许 C. 随意 D. 无所谓

201. 汽油着火，不能使用的灭火剂是（A）。

A. 水 B. 1211 C. 化学泡沫 D. 1301

202. 避雷线和防雷地线应采用截面不小于（C）mm² 的镀锌钢绞线或铜线。

A. 4 B. 16 C. 25 D. 30

203. 气瓶气体不能用尽，必须留有余压，可燃气体和助燃气体的余压为（C）MPa。

A. 0.2 B. 0.3 C. 0.49 D. 0.6

204. （C）就是使外部的刺激转化为人的自觉行动的过程。

A. 反馈 B. 动力 C. 激励 D. 能级

205. 加强安全生产管理工作，实现（C）作业是企业管理的一项重要任务。

A. 标准化 B. 规范化 C. 安全化 D. 程序化

206. 做好安全管理工作，确保安全生产，不仅是企业开展正常生产活动所必须，而且也是一项重要的（C）。

A. 社会任务 B. 经济指标 C. 政治任务 D. B. 和 C.

207. 《安全生产法》第三十四条规定，生产、经营、储存、使用危险物品的车间、商店、仓库不得与（C）在同一座建筑物内，并应与之保持安全距离。

A. 其他的车间、商店、仓库等生产经营场所

B. 生产经营单位办公用房 C. 员工宿舍 D. B 和 C

208. 就电气装置而言，额定电压（C）以上的为高压装置。

A. 250V B. 500V C. 1000V D. 2000V

209. 吊运炽热金属或危险品的钢丝绳的报废断丝数，取一般起重机钢丝绳报废断丝数的（C）%。

A. 30 B. 40 C. 50 D. 100

210. 在气焊作业时，氧气瓶与乙炔瓶的距离不应小于（C）m。

A. 2 B. 3 C. 5 D. 10

211. 中性焰的氧/乙炔比为（A）。

A. 1.0～1.2　　　　B. 小于 1　　　　C. 大于 1.2　　　　D. 不确定

212. 气割被割金属材料的燃点（A）熔点，是保证切割过程顺利进行的最基本条件。

A. 低于　　　　　　B. 高于　　　　　　C. 等于　　　　　　D. 气割

213. 紧急停车开关的形状应区别于一般控制开关，其颜色为（A）色。

A. 红　　　　　　　B. 绿　　　　　　　C. 黄　　　　　　　D. 黑

214. 氧气瓶的外表面漆色的颜色是（A）色。

A. 天蓝　　　　　　B. 黄　　　　　　　C. 黑　　　　　　　D. 灰

215. 锅炉压力表盘的大小，应保证司炉工人能清楚地看到压力的指示值，表盘的直径应不小于（A）mm。

A. 100　　　　　　B. 50　　　　　　　C. 30　　　　　　　D. 80

216. （A）色的易见性最好，而且鲜艳夺目，适用于停止和禁止信号。

A. 红　　　　　　　B. 黄　　　　　　　C. 蓝　　　　　　　D. 绿

217. 设备的停止按钮必须是（A）色。

A. 红　　　　　　　B. 黄　　　　　　　C. 蓝　　　　　　　D. 黑

218. 切断砂轮用砂轮卡盘的直径不得小于被安装砂轮直径的（A）。

A. 1/4　　　　　　B. 1/2　　　　　　C. 1/3　　　　　　D. B 或 C

219. （A）是安全生产工作的主体和具体实行者。

A. 企业　　　　　　B. 行业　　　　　　C. 政府　　　　　　D. 员工

220. 安全生产法规与管理体制根据事故致因理论分析，在人与物的两大系列的运动中，人的失误是占（A）地位的。

A. 绝对主要　　　　B. 相对权重　　　　C. 较重要　　　　　D. 较次要

221. （A）在构成作业场所的热环境中起主导作用。

A. 环境温度　　　　B. 环境湿度　　　　C. 通风状况　　　　D. A 和 B

222. 当检查起重机吊钩的开口度比原尺寸增加 15％时，应（A）。

A. 更换新吊钩　　　B. 可以继续使用　　C. 补焊恢复原尺寸　　D. 减少起重量使用

223. 目前用于噪声评价和噪声控制的最常用的声学参数是（A）。

A. 声级　　　　　　B. 声级　　　　　　C. 声级　　　　　　D. 声级

224. 在事故调查处理中，根据所确认的事实和事故直接、间接原因，对责任事故分清事故的直接责任者和（A）责任者，然后再在其中确定主要责任者。

A. 领导　　　　　　B. 管理　　　　　　C. 间接　　　　　　D. 有关

225. 使用叉车、铲车作业，运行时叉上（A）。

A. 严禁站人　　　　　　　　　　　B. 可以站人

C. 允许带斗站人　　　　　　　　　D. 货物升降时可以站人

226. 机械安全生产性粉尘含有 10％以上游离 SiO_2 时国家标准允许浓度为（A）mg/m^3。

A. 2　　　　　　　B. 4　　　　　　　C. 6　　　　　　　D. 8

227. 下列金属（A）列入金属毒物类。

A. 铅 B. 钢 C. 铜 D. 铁

228. 在用的压力表当发现没有铅封、铅封损坏或超过检验期限时，应该（A）。

A. 停止使用 B. 封存 C. 继续使用 D. 限期使用

229. 生产环境的气湿以相对湿度表示，相对湿度在（A）％以上称为高气湿。

A. 80 B. 50 C. 70 D. 60

230. （A）治疗的目的是阻止毒物继续进入体内，促使毒物排泄或者解除其毒作用。

A. 病因 B. 对症 C. 支持 D. 阻隔

231. 我国的作业环境卫生标准中，有害物质的最高容许浓度采用的计量单位是（A）。

A. mg/m³ B. ppm C. g/L D. mg/L

232. 根据安全理论进行系统地分析，事故的直接原因是（A）。

A. 人的不安全行为，物的不安全状态，环境不良

B. 情绪不佳，技术不好

C. 管理不严

D. 无章可循

233. 离地面（或工作台）高度在（A）m以下的水平布置的传动装置，必须沿全长作全封闭式防护。

A. 1 B. 1.5 C. 2 D. 2.5

234. 夏季高温作业的生产车间，在设计降温措施时首先应考虑（A）。

A. 全面自然通风降温 B. 局部自然通风降温

C. 岗位机械通风降温 D. 全面机械通风降温

235. 压力机传动系统中外露的传动齿轮、皮带轮、飞轮、杠杆等零件部件，其高度在（A）m以下者均需装设防护罩。

A. 2 B. 2.3 C. 2.5 D. 3

236. 矽肺是由于在生产环境中，长期吸入较高浓度的含游离二氧化硅的粉尘而引起的，以肺组织（A）病变为主的全身性疾病。

A. 纤维化 B. 硬化 C. 结节化 D. 堵塞化

237. 按照GB.6442—86《企业职工伤亡事故调查分析规则》的规定，在下列步骤中，（A）不属于事故调查程序中的内容：①事故现场处理②现场物证搜集③事实材料搜集④证人材料搜集⑤填写事故报表⑥进行现场摄像（录像）和绘制事故图。

A. ⑤ B. ①⑤ C. ②⑥ D. ①

238. 某职工在上班途中因路滑摔倒而造成伤害，该职工（B）按因工负伤对待。

A. 不应 B. 应 C. 视伤残情况 D. 由领导决定

239. 当电气设备采用（A）V以上的安全电压时，必须采取防止直接接触带电体保护措施。

A. 24 B. 6 C. 12 D. 24

240. （A）级是在正常情况下就能形成爆炸性混合物的场所，应选用隔爆型电。

A. Q-1 B. Q-2 C. Q-3 D. Q-4

241. 在爆炸危险场所的绝缘导线必须穿（A）配线。

A. 钢管　　　　　　B. 硬塑料管　　　　C. 透明胶软管　　　D. 线槽盒

242. 梯子是电工在高处作业的常备工具。在使用单梯工作时，梯子与地面的夹角应在（A）左右。

A. 60°　　　　　　　B. 30°　　　　　　　C. 20°　　　　　　　D. 70°

243. 在工业生产过程中，毒物最主要是通过（A）进入人体的。

A. 呼吸道　　　　　B. 消化道　　　　　C. 皮肤　　　　　　D. 指甲

244. 伤亡事故发生后，负伤者或事故现场有关人员必须立即报告有关领导人员，有关领导人员应根据情况逐级上报，或直接向（A）报告。

A. 企业负责人　　　B. 上级主管单位　　C. 当地劳动部门　　D. 公安部门

245. 盛装液化气的钢瓶受热爆炸破裂，液化气气化后与周围空气形成爆炸性混合物，遇火源产生化学爆炸，这属于（A）事故类别。

A. 容器爆炸　　　　B. 化学爆炸　　　　C. 火灾　　　　　　D. 其他爆炸

246. 患有高血压的职工不宜从事（A）作业。

A. 高空　　　　　　B. 电工　　　　　　C. 焊工　　　　　　D. 机床工

247. 各企业、事业单位的（A）是消防安全第一责任人，对消防安全工作负全面责任。

A. 主要负责人或者法定代表人　　　　　B. 分管消防安全工作的负责人

C. 保卫科（处）长　　　　　　　　　　D. 企业消防队领导或消防专职人员

248. 灯泡与可燃物要有一定的安全间距，白炽灯、高压汞灯与可燃物之间的安全距离不小于（A）m。

A. 0.5　　　　　　　B. 0.8　　　　　　　C. 1　　　　　　　　D. 1.2

249. 形成燃烧的前提条件是：必须使可燃物质与氧有一定的（A）比例。

A. 数量　　　　　　B. 质量　　　　　　C. 能量　　　　　　D. A 和 C

250. 公共建筑物、厂房、库房的安全疏散出口的数量不应少于（A）个。

A. 2　　　　　　　　B. 3　　　　　　　　C. 4　　　　　　　　D. 5

251. 化学泡沫是扑救（A）火灾的有效灭火剂。

A. 石油　　　　　　B. 醇　　　　　　　C. 醚　　　　　　　D. 酮

252. 灭火用的二氧化碳通常是以（A）装在耐压的钢瓶内。

A. 液态　　　　　　B. 固态　　　　　　C. 气态　　　　　　D. 半液态

253. 防止事故的发生，关键在于（B）和识别危险。

A. 清除　　　　　　B. 发现　　　　　　C. 减少　　　　　　D. 控制

254. 涂装作业场所空气中，产生的主要毒物质是（B）。

A. 甲烷　　　　　　B. 甲苯　　　　　　C. 甲醇　　　　　　D. 甲醛

255. 防止作业场所噪声危害的根本措施是（B）。

A. 降低噪声的频率　　　　　　　　　　B. 从声源着眼，降低它的噪声辐射强度

C. 采取隔声措施　　　　　　　　　　　D. 采取吸声措施

256. 安全电压可以由（B）获得。

A. 自耦变压器　　　B. 双绕组线圈　　　C. 电阻分压器　　　D. A 或 B

257. 乙炔减压器的工作压力禁止超过（B）表压。

A. 0.2　　　　　B. 0.147　　　　　C. 0.3　　　　　D. 0.4

258. 已脱离粉尘作业的职工检查间隔可根据接触粉尘性质的具体情况来确定。尘肺患者复查周期一般（B）一次。

A. 半年　　　　　B. 一年　　　　　C. 两年　　　　　D. 三年

259. 劳动环境中，铅烟国家标准允许浓度为（B）mg/m³。

A. 0.02　　　　　B. 0.03　　　　　C. 0.04　　　　　D. 0.05

260. 为防止有害物质在室内扩散，应优先采取（B）的措施进行处理。

A. 全面通风　　　　B. 局部排风　　　　C. 屋顶通风　　　　D. 个人防护

261. 盛装腐蚀性和毒性气体（如氯、硫化氢）的气瓶，须每（B）年检验一次。

A. 1　　　　　B. 2　　　　　C. 3　　　　　D. 4

262. 在安全工作的诸方面中，（B）起着决定性的作用，其意义重大。

A. 安全生产　　　B. 安全管理　　　C. 安全技术　　　D. B 和 C

263. 应用系统论的观点去分析和解决问题，应把重点放在（B）效应上。

A. 目标　　　　　B. 整体　　　　　C. 各层次　　　　D. B 和 C

264. 人识别外界物体的清晰程度主要取决于（B）。

A. 光线的色谱　　B. 照度的数值大小　C. 亮度分配　　　D. 光质量

265. 当使用钻床加工工件时，操作工人（B），以保安全。

A. 必须戴手套　　　　　　　　　B. 严禁戴手套

C. 按工件是否尖利选择应否戴手套　　D. 可以戴胶手套

266. 下列物质属有机溶剂的有（B）。

A. 酒精　　　　　B. 苯　　　　　C. 柴油　　　　　D. 煤油

267. 一般地讲，高频噪声比低频噪声对人体的危害（B）。

A. 小　　　　　B. 大　　　　　C. 相同　　　　　D. 不一定

268. 系统原理强调的是（B）。

A. 结构排列状态　　　　　　　　B. 整体效应

C. 各组成单元运行的优劣　　　　D. B 和 C

269. 在企业中建立健全安全管理组织体系和责任制度，体现了管理原理的（B）。

A. 反馈原理　　　B. 整分合原理　　C. 封闭原理　　　D. 弹性原理

270. 安全技术和劳动卫生措施都有赖于（B）才能发挥作用。

A. 编制计划　　　B. 管理　　　　C. 筹措经费　　　D. 各部门的支持

271. 火灾爆炸指数法是由（B）提出并采用的一种对系统火灾、爆炸危险进行定量分析和评价的方法。

A. 英国帝国化学公司　　　　　　B. 美国道化学公司

C. 日本匹田公司　　　　　　　　D. A 和 B

272. 我国法律规定，职业安全卫生设施必须符合（B）规定的标准。

A. 国际　　　　　B. 国家　　　　　C. 行业　　　　　D. 企业

273. 安全生产法规与管理体制不同的法律对同一违法行为都作了规定，应该执行哪个法律的规定的问题称为 (B)。

    A. 法律选定   B. 法律竞合   C. 竞合选定   D. 选定竞合

274. 在爆炸危险场所内的，绝缘导线应 (B) 配线。

    A. 明敷   B. 穿钢管   C. 穿塑料管   D. A. 和 B.

275. 用摇表测试高压设备的绝缘时，应由 (B) 人进行。

    A. 一   B. 两   C. 三   D. 四

276. 所谓系统，是由若干相互作用又相互依赖的部分组合而成，具有特定功能，并处于一定环境中的 (B)。

    A. 整体   B. 有机整体   C. 整合体   D. 组合

277. 安全信号装置和安全标志是 (B) 装置。

    A. 提示   B. 警示   C. 警告   D. A 或 C

278. 低压开关柜的正面操作通道的宽度在单列布置时应不小于 (B) m。

    A. 0.8   B. 1.5   C. 2   D. 5

279. 慢性苯中毒引起最严重的疾病是 (B)。

    A. 心脏病   B. 白血病   C. 贫血   D. 脑血栓

280. 焊接电缆应使用整根的，中间不应有接头。如须用短线接头，则接头不应超过 (B) 个。

    A. 1   B. 2   C. 3   D. 4

281. 在高温境下劳动时，人体的体温调节主要受气象条件和 (B) 等因素的共同影响。

    A. 年龄   B. 劳动强度   C. 性别   D. A 和 B

282. 用机床加工工件时，刀具飞出伤人的事故，属于 (B) 事故类别。

    A. 物体打击   B. 机械伤害   C. 车辆伤害   D. 其他伤害

283. 以下 (B) 属于伤亡事故间接原因。

    A. 操作错误、忽视安全、忽视警告   C. 对现场工作缺乏检查或指导错误

    C. 造成安全装置失效   D. 使用不安全设备

284. 根据 GB.6441，轻伤事故是指损失工作日 (B) 105 日的失能伤害的事故。

    A. 大于   B. 小于   C. 大于等于   D. 小于等于

285. 裸带电体之间、带电体与地面及其他设施之间是靠 (B) 绝缘的，带电体的工作电压越高，要求其间的空气距离越大。

    A. 空间   B. 空气   C. 氮气   D. 氧气

286. 根据用电设备对供电可靠性的要求程度不同，即电力负荷的重要性不同，电力负荷可分为 (B) 个安全级别。

    A. 2   B. 3   C. 4   D. 5

287. 机床局部照明灯具、移动行灯、手持电动工具潮湿场所的电气设备等应采用 (B) V 的安全电压。

    A. 12   B. 24   C. 36   D. B 或 C

288. 静电高压最高可达 (B)，可现场放电，产生静电火花引起火灾。

    A. 50V   B. 数万伏   C. 220V   D. 100V

二、安全操作类（简答、判断）

简答题

1. 如何正确使用安全带？

【参考答案】

1）安全带应高挂低用，注意防止摆动、碰撞；2）安全带上的各个部件不要任意拆掉，更换时注意加绳套；3）不要将挂绳打结使用，挂钩应挂在绳的环上，不要直接挂在绳子上；4）使用前应避开尖刺物质，不要接触明火及酸碱等腐蚀性物质。

2. 怎样使触电者迅速脱离电源？

【参考答案】1）切断电源；2）如切断电源有困难，可用干燥的木棍、竹竿或其他绝缘物体将电源挑开，或用带绝缘物柄的钢丝剪断电线，使触电人脱离电源。3）如果有人在较高处触电，应迅速拉开电源开关或用电话通知当地电力部门停电，同时采取保护措施，防止切断电源后触电人从高处坠落。

3. 为什么绝缘靴、绝缘手套等胶制品不可与石油类的油脂接触？

【参考答案】绝缘靴、绝缘手套、绝缘垫等橡胶制品与石油类的油脂接触易产生化学反应，使其腐蚀和降低绝缘材料的绝缘性，并过早老化、失效。

4. 电气设备高低压是如何划分的？380V是否是高压？为什么？

【参考答案】高压：设备对地电压在250V以上者。低压：设备对地电压在250V以下者。380V因对地电压超过250V，所以属高压。

5. 什么是接地装置？如何设置？

【参考答案】接地体与接地线的总和称为接地装置。施工现场接地装置采用圆钢、钢管、角钢、扁钢等材料制作，其最小规格尺寸为：圆钢，直径不小于4mm；钢管，壁厚不小于3.5mm；角钢，厚度不小于4mm；扁钢，截面不小于48mm²。螺纹钢不能用作接地体。

判断题

1. 当电器设备采用50V的安全电压等级时，可以不采取防止直接接触带电体的保护措施。（×）

2. 几种线路同杆架设时必须保证电力线路在通信线路下面，高压线路在低压线路的上方。（√）

3. 为减少触电的危险，改善电网的运行，隔离变压器副边应接地。（×）

4. 当上水管与电线管平行敷设且在同一垂直面时，应将电线管路敷设于水管下方。（×）

5. 熔断器的额定电压必须大于等于配电线路电压。（√）

6. 根据实际情况，可以采用三芯电缆另加单芯电缆作零线的方法为负载提供三相电源。（×）

7. 安全电压插销座可以与其他电压的插销座通用。（×）

8. 5kV的绝缘手套可以在1kV以上高压区使用。（×）

9. 使用移动式电源箱一个动力分路可以接多台设备。（×）

10. 当电源距离作业点较远而电源线长度不够时，应将电源线接长或拆换来解决。（×）

11. 运行电气设备操作必须由两个人执行，由工级较低的人担任监护，工级较高者进行操作。（×）

12. 触电伤害指的是电伤。（×）

13. 所有电压值的电器设备均可采用自然体作为接地线，接零线。（×）

14. 在特别潮湿场所或导电良好，地点狭窄的场所，使用安全行灯的电压不大于36V。（√）

15. 保护接地的作用是限制漏电设备的对地电压，使其不超出安全范围。（√）

16. 保护接地适用于各种接地配电网。（×）

17. 在不接地配电网中，每台设备单独接地，而无需安装漏电保护装置，也没有危险。（×）

18. 交流电弧焊机的二次线圈和工件不应同时采用保护接零或保护接地。（√）

19. 中性点直接接地的电网中，保护零线和工作零线（单相用电设备除外）不得装设熔断器或断路器。（√）

20. 凡与大地有可靠接触的金属导体，均可作为自然接地体。（×）

21. 高压刀开关具有灭弧功能，故可以用于开断负荷电流。（×）

22. 接地装置应当连接可靠，扁钢搭焊长度应为宽度的 2 倍，且至少在三个棱边进行焊接。圆钢搭焊长度以及圆钢和扁钢搭焊长度应为圆钢直径的 6 倍。（√）

23. 在不能利用自然导体的情况下，保护零线导电能力最好不低于相线的 1/2。（√）

24. 根据车间的接地线及零线的运行情况，一般每年应检查 1～2 次；各种防雷装置的接地线每年（雨季前）检查一次。（√）

25. 为了防止静电感应产生的高压，应将建筑物内的金属设备、金属管道、结构钢筋等接地。（√）

26. 为防止雷电波入侵重要用户，最好采用全电缆供电，将其金属外皮接零。（×）

27. 一般用户的避雷，只要将进线处绝缘子铁角接地即可。（√）

28. 在建筑物或高大树木屏蔽的街道躲避雷暴时，应离开墙壁和树干 8m 以上。（√）

29. 触电事故一旦发生，首先要对触电者抢救。（×）

30. 正常运行时不出现，即使出现也只是短时间偶然出现爆炸性气体，蒸气或薄雾的区域称 1 级危险区域。（×）

31. 爆炸危险场所使用的电缆和导线的额定电压不得低于 500V。（√）

32. 在爆炸危险场所，禁止使用绝缘导线明敷设。（√）

33. 爆炸危险场所的接地装置为了保持电流途径不中断，防止出现电火花，必须将所有设备的金属部分、金属管道以及建筑物的金属结构全部接地（或接零），并连接成连续的整体。（√）

34. 爆炸危险场所，单相设备的工作零线应与保护零线分开，相线和工作零线均应装设短路保护装置，并装设双极闸刀开关，以同时操作相线和工作零线。（√）

35. 在使用高压验电器时操作者应戴绝缘手套。（√）

36. 12kV绝缘手套在1kV以上高压区作业时作为基本安全工具，可以接触带电体。（×）

37. 安全电压插（销）座可以带有接零（地）插头或插孔。（×）

38. 雨天穿用的胶鞋，在进行电工作业时也可暂作绝缘鞋使用。（×）

39. 变电所送电时，先闭合隔离开关，再闭合断路器。（√）

40. 为了迅速离开电压危险区，作业人员应立即跑步离开接地故障点20m以外。（×）

41. 触电的危险程度完全取决于通过人体的电流的大小。（×）

44. 携带式和移动式电器设备触电事故较多。（√）

43. 要测试低压回路是否有电，除用验电笔测试外，也可以用万用表放在欧姆挡上测量，看指针是否摆动，若摆动则说明有电。（×）

44. 对触电者正确的抢救体位是仰卧式。（√）

45. 一般情况下人体触电后可摆脱电源男性为20mV，女性为10mV。（×）

46. 工作接地的作用是保持系统电位的稳定性，即减轻低压系统由高压窜入低压等原因所产生过电压的危险性。（×）

47. 在锅炉、金属容器、管道内等狭窄场所应使用Ⅲ类电动工具。（√）

48. 使用移动式电源箱一个动力分路只能接一台设备，设备有名称牌，动力与照明回路应分开。（√）

49. 电烙铁的保护接线端可以接线，也可不接线。（×）

50. 装临时接地线时，应先装三相线路端，然后装接地端；拆时相反，先拆接地端，后拆三相线路端。（×）

51. 电焊机的一、二次接线长度均不宜超过20m。（×）

52. 绝缘靴也可作耐酸、耐碱、耐油靴使用。（×）

53. 导线的安全载流量，在不同环境温度下应有不同数值，环境温度越高，安全载流量越大。（×）

54. 钢心铝绞线在通过交流电时，由于交流电的集肤效应，电流实际只从铝线中流过，故其有效截面积只是铝线部分面积。（√）

55. 裸导线在室内敷设高度必须在3.5m以上，低于3.5m不许架设。（×）

56. 导线敷设在吊顶或天棚内，可不穿管保护。（×）

57. 所有穿管线路，管内接头不得多于1个。（×）

58. 电缆线芯有时压制圆形、半圆形、扇形等形状，这是为了缩小电缆外形尺寸，节约原材料。（√）

59. 变电所停电时，先拉隔离开关，后切断断路器。（×）

60. 高压隔离开关在运行中，若发现绝缘子表面严重放电或绝缘子破裂，应立即将高压隔离开关分断，退出运行。（×）

61. 高压负荷开关有灭弧装置，可以断开短路电流。（×）

62. 很有经验的电工，停电后不一定非要再用验电笔测试便可进行检修。（×）

63. 采用36V安全电压后，就一定能保证绝对不会再发生触电事故了。（×）

64. 电气安全检查一般每季度1次。（√）

65. 电气安全检查是杜绝事故防患于未然的必要措施。（×）

66. 可将单相三孔电源插座的保护接地端（面对插座最上端）与接零端（面对插座最左下孔）用导线连接起来，共用一根线。（×）

67. 电源线接在插座上或接在插头上是一样的（×）

68. 雨天穿用的胶鞋，在进行电工作业时也可暂作绝缘鞋使用。（×）

69. 对电气安全规程中的具体规定，实践中应根据具体情况灵活调整。（×）

70. 在有易燃易爆危险的厂房内，禁止采用铝心绝缘线布线。（√）

71. 通常并联电容器组在切断电路后，通过电压互感器或放电灯泡自行放电，故变电所停电后不必再进行人工放电而可以进行检修工作。（×）

72. 一般刀开关不能切断故障电流，也不能承受故障电流引起的电动力和热效应。（×）

73. 试电笔是低压验电的主要工具，用于 500～1000V 电压的检测。（×）

74. 在易燃、易爆场所的照明灯具，应使用密闭形或防爆形灯具，在多尘、潮湿和有腐蚀性气体的场所的灯具应使用防水防尘型。（√）

75. 多尘、潮湿的场所或户外场所的照明开关应选用瓷质防水拉线开关。（√）

76. 非铠装电缆不准直接埋设。（√）

77. 导线在同一平面内，如有弯曲时，瓷珠或瓷瓶必须装设在导线的曲折角外侧。（×）

78. 高桩接拉线用于跨越公路和渠道等处。（√）

79. 熔体熔断后，可以用熔断熔体的方法查找故障原因，但不能轻易改变熔体的规格。（×）

80. 运行中的电容器电流超过额定值的 1.3 倍，应退出运行。（√）

81. 小容量的交流接触器多采用拉长电弧的方法灭弧。（√）

82. 检修刀开关时只要将刀开关拉开，就能确保安全。（×）

83. 单投刀闸安装时静触头放在上面，接电源；动触头放在下面，接负载。（√）

84. 在接地网中，带有保护接地的电气设备，当发生相线碰壳故障时，若人体接触设备外壳，仍会发生触电事故。（√）

85. 使用 RL 螺旋式熔断器时，其底座的中心触点接负荷，螺旋部分接电源。（×）

86. 抢救触电伤员中，用兴奋呼吸中枢的可拉明、洛贝林，或使心脏复跳的肾上腺素等强心针剂可代替手工呼吸和胸外心脏挤压两种急救措施。（×）

87. 高压设备发生接地故障时，人体与接地点的安全距离为：室内应大于 4m，室外应大于 8m。（√）

88. 电气上的"地"的含义不是指大地，而是指电位为零的地方。（√）

89. 隔离开关可以拉合无故障的电压互感器和避雷器。（√）

90. 严禁工作人员在工作中移动或拆除围栏、接地线和标示牌。（√）

91. 雷雨天巡视室外高压设备时，应穿绝缘靴，并不得靠近避雷器和避雷针。（√）

92. 电气设备的金属外壳接地属于工作接地。（×）

93. 线路停电时，必须按照断路器、母线侧隔离开关、负荷侧隔离开关的顺序操作，

送电时相反。（×）

94. 心肺复苏应在现场就地坚持进行，但为了方便也可以随意移动伤员。（×）

95. 发现杆上或高处有人触电，有条件时应争取在杆上或高处及时进行抢救。（√）

96. 电气设备停电后，在没有断开电源开关和采取安全措施以前，不得触及设备或进入设备的遮栏内，以免发生人身触电事故。（√）

97. 带电设备着火时，应使用干式灭火器、CO_2灭火器等灭火，不得使用泡沫灭火器。（√）

98. 在装有漏电保护器的低压供电线路上带电作业时，可以不用戴绝缘手套、穿绝缘鞋等安全措施。（×）

99. 由于安装了漏电保护器，在金属容器内工作就不必采用安全电压。（×）

100. 当用户管辖的输电线路停、送电，由用户申请人决定。（√）

101. 爆炸危险场所按爆炸性物质状态分为气体爆炸危险场所和粉尘爆炸危险场所两类。（√）

102. 停、送电操作可进行口头约时。（×）

103. 在 RLC 串联电路中，总电压的有效值总会大于各元件的电压有效值。（×）

104. 高压验电笔是用来检查高压网络变配电设备、架空线、电缆是否带电的工具。（√）

105. 接地线是为了在已停电的设备和线路上意外地出现电压时保证工作人员安全的重要工具。按部颁规定，接地线必须是 $25mm^2$ 以上裸铜软线制成。（√）

106. 遮栏是为防止工作人员无意碰到设备带电部分而装设备的屏护，分临时遮栏和常设遮栏两种。（√）

107. 手持式电动工具（除Ⅲ类外）、移动式生活日用电器（除Ⅲ类外）、其他移动式机电设备，以及触电危险性大的用电设备，心须安装漏电保护器。（√）

108. 建筑施工场所、临时线路的用电设备，必须安装漏电保护器。（√）

109. 跨步电压是指如果地面上水平距离为0.8m的两点之间有电位差，当人体两脚接触该两点时人体上将承受电压。（√）

110. 电力网是电力系统的一部分，它是由各类变电站（所）和各种不同电压等级的输、配电线路联接起来组成的统一网络。（√）

111. 电气安全检查是杜绝事故、防患于未然的必要措施。（×）

112. 部分停电的工作，系指高压设备部分停电，或室内虽全部停电，而通至邻接高压室的门并未全部闭锁。（√）

113. 爆炸危险场所对于接地（接零）方面是没有特殊要求的。（×）

114. 为了避免短路电流的影响，电流互感器必须装熔断器。（×）

115. 部分停电的工作，系指高压设备部分停电，或室内虽全部停电，而通至邻接高压室的门并未全部闭锁。（√）

116. 高压熔断器具有定时限特性。（×）

117. 在高低压同杆架设的低压带电线路上工作时，应先检查与高压线的距离，采取防止误碰高压带电设备的措施。（√）

118. 手提照明灯、危险环境的携带式电动工具应采用127V安全电压。（×）

119. 失压保护的作用是当电压恢复时设备不致突然起动，造成事故，同时能避免设备在过低的电压下勉强运行而损坏。（√）

120. 在中性点接地系统中带有保护接地的电气设备，当发生相线碰壳故障时，若人体接触设备外壳，仍会发生触电事故。（√）

121. 试验现场应装设遮栏或围栏，向外悬挂"止步，高压危险！"的标示牌，并派人看守。被试设备两端不在同一地点时，另一端还应派人看守。（√）

122. 所谓触电，是指当电流通过人体时对人体产生的生理和病理的伤害。（√）

123. 电伤是电流通过人体时所造成的外伤。（√）

124. 电击是由于电流通过人体时造成的内部器官在生理上的反应和病变。（√）

125. 摆脱电流是人能忍受并能自主摆脱的通过人体的最大电流。（√）

126. 进入高空作业现场，应戴安全帽。高处作业人员必须使用安全带。（√）

127. 间接接触触电是指人体直接接触到带电体或者是人体过分地接近带电体而发生的触电现象。（×）

128. 遇有电气设备着火时，应立即将有关设备的电源切断，然后使用泡沫灭火器灭火。（×）

129.《电业安全工作规程》将紧急救护方法列为电气工作人员必须具备的从业条件之一。（√）

130. 安全用电的基本方针是"安全第一，预防为主"。（√）

131. 安装在木结构或木杆塔上的电气设备的金属外壳一般也不必接地。（√）

132. 保持配电线路和电气设备的绝缘良好，是保证人身安全和电气设备正常运行的最基本要素。（√）

133. 雨天室外验电，可以使用普通（不防水）的验电器或绝缘拉杆。（×）

134. 值班巡视人体与10kV以下不停电设备之间的最小安全距离为0.3m。（×）

135. 起重机械和起重重物与10kV线路之间的最小安全距离应大于2m。（√）

136. 挂接地线前必须验电，防止带电挂地线。验明设备无电后，立即将停电设备接地并三相短路。（√）

137. 可以用三组单相接地线代替一组三相短路接地线。（×）

138. 栅栏用于室外配电装置时，其高度不应低于1.5m，栅条间距和到地面的距离不应小于0.2m。（√）

139. 绝缘杆和绝缘夹钳都是绝缘基本安全用具。（√）

140. 雷雨天气需要巡视室外高压设备时，应穿绝缘靴，与带电体要保持足够的距离。（√）

141. 人体可以持续接触而不会使人直接致死或致残的电压为安全电压。（√）

142. 电气设备采用24V以上的安全电压时，必须采取防止直接接触带电体的保护措施。（√）

143. 热备用状态是指刀闸在合闸位置，但断路器（开关）在断开位置，电源中断，设备停运。（√）

144. 冷备用状态是指开关、刀闸均在断开位置，设备停运的状态。要使设备运行需将刀闸合闸，而后再合开关的工作状态。（√）

145. 检修状态：指设备的开关、刀闸都在断开位置，并接有临时地线（或合上接地刀闸），设好遮拦，悬挂好标示牌，设备处于检修状态。（√）

146. 间接接触触电是人体接触到正常情况下不带电的设备的金属外壳或金属构架而发生的触电现象。跨步电压触电属于间接接触触电。（√）

147. 雷电时进行倒闸操作和更换熔丝工作要特别小心。（×）

148. 在同一个低压供电系统中，允许保护接地和保护接零同时使用。（×）

149. 电气设备发生接地故障时，越靠近接地点跨步电压越高。（√）

150. 导线的选择要满足机械强度、导线的安全载流量和允许电压损失三方面的要求。（√）

151. 为了保证导线的机械强度，3～10kV 线路居民区铝导线的截面不应小于 16mm²。（×）

152. 在同一横担架设时，导线相序排列是：面向负荷从左侧起为 L_1、N、L_2、L_3。（√）

153. 防雷装置的引下线应满足机械强度、耐腐蚀和热稳定性的要求。（√）

154. 特种作业人员要经过考试合格，并取得特种作业操作许可证方可上岗工作。这种要求是正确的吗？（√）

155. 爆破作业人员是特种作业人员吗？（√）

156. 危险化学品单位在转产、停产、停业或者解散时应采取有效措施，处置危险化学品生产、储存设备、库产品及生产原料。（√）

157. 当事人对行政处罚判决不服申请行政复议，行政处罚在复议后方可执行。（×）

158. 危险化学品生产、储存企业应向国家安全生产监督管理局负责危险化学品登记机构办埋危险化学品登记。负责危险化学品登记的机构应当向环境保护、公安、质检、卫生等有关部门提供危险化学品登记的资料。（√）

159. 为了有效地防范特大安全事故的发生，严肃追究特大安全事故的行政责任，保障人民群众生命、财产安全，这是国务院《关于特大安全事故行政责任追究的规定》的立法目的。（√）

160. 氧气瓶属于压缩气瓶，乙炔瓶属于溶解气瓶。（√）

161. 点火时先微开氧气阀后开乙炔阀。（√）

162. 二氧化碳灭火器的喷射距离约 2m，因而要接近火源，并站在上风处。（√）

163. 安全生产方针是安全第一、预防为主。（√）

164. 在锅炉或舱室内作业，应向作业点不断输送新鲜空气。（√）

165. 燃烧必须具备三个条件：可燃物、助燃物、着火源。（√）

166. 气焊作业中，如果焊接设备或焊接工具有缺陷，容易发生火灾或爆炸事故。（√）

167. 通风技术措施是消除烟尘和有毒气体危害的有效措施。（√）

168. 操作者佩带隔音耳罩或耳塞是防止噪声的重要措施之一。（√）

169. 减压器冻结时，应采用热水或蒸汽解冻，严禁用火焰或烘烤。（√）

170. 自燃是可燃物质没有明火作用而发生燃烧的现象。（√）

171. 减小高频电流的作用时间或振荡器频率，可有效防护生理伤害。（√）

172. 手工电弧焊使用碱性焊条时会产生有毒气体氟化氢。（√）

173. 电焊机出现故障时，应立即切断电焊机电源。（√）

174. 乙炔气瓶使用时不许放倒，瓶嘴减压器、回火器冻结时不许使用明火或铁器撞击，应用蒸汽或热水化解。（√）

175. 使用石油液化气焊割时，应先开石油液化气阀后开混合气体阀。（√）

176. 严禁在有压力的容器上焊接。（√）

177. 电焊工作时，应按规定穿好工作服、绝缘鞋，戴好帽子、手套、眼镜、口罩、面罩等。（√）

178. 从事特种作业的人员必须进行安全知识和安全操作技术培训。（√）

179. 乙炔气与空气混合后，遇明火燃烧爆炸。（√）

180. 生产经营单位的主要负责人对本单位的安全生产工作负领导责任。（×）

181. 国家实行生产安全事故责任追究制度。（√）

182. 生产经营单位应当具备安全生产条件所必需的资金投入，对由于安全生产所必需的资金投入不足导致的后果承担责任。（√）

183. 任何形式的砂轮卡盘都是成对使用，其左右两部分的直径和压紧面的径向尺寸必须相等。（√）

184. 实际情况中可能有少量的事故是与人的不安全行为无关的。（√）

185. 霍巴特大学罗林教授关于安全的定义表述为"所谓的安全指标表述的危险性不超过允许限度。这就是说世界上没有绝对的安全。安全就是一种可以允许的危险。确定安全指标实际上就是确定危险度或风险率，这个危险度或风险率必须是社会公众允许的、可以接受的"。（√）

186. 我国安全生产法已确立了安全生产责任制度、安全生产条件保障制度、"三同时"制度、安全教育培训制度、从业人员的权利与义务制度、安全生产监督管理制度、事故应急救援制度、事故调查处理制度、事故责任追究制度等基本法律制度。（√）

187. 无论是有意的或无意的不安全行为，都与人的心理个性有密切的关系。（√）

188. 安全生产法律关系就是安全生产法主体之间，在安全生产与预防事故的活动中形成的由安全生产法律规范所确认和调整的具有权利、义务内容的社会关系。（√）

189. 金属物体受到静电感应及绝缘体间的摩擦，是产生静电的主要原因。（√）

190. 电气设备发生接地故障时，在接地电流入地点周围电位分布区行走的人，其两脚将处于不同的电位，受其作用，电流将从一只脚经胯部到另一只脚与大地形成回路，称为跨步电压。（√）

191. 机械的直接安全技术措施是指在设计机器时消除机器本身的不安全因素。（√）

192. 微观的安全管理是指经济和生产管理部门以及企事业单位所进行的具体的安全管理活动。（√）

193. 编制安全检查表首先也是最重要的一步就是对危险、有害因素进行调查分析，

确定检查项目和内容。（√）

194. 生产性建设项目验收合格，正式投入运行后，不得将职业安全卫生设施闲置不用。（√）

195. 连带民事责任是指由于甲方行为的过错而导致乙方在生产经营活动中发生事故，造成人员伤亡或财产损失，甲方要连带与乙方一起承担民事责任。（√）

196. 压力容器是指能够承受压力载荷（内力、外力）作用的密闭容器。（√）

197. 锅炉在运行中可以排除的事故或经过短暂停炉即可排除，且其影响和损失较小的事故属于一般事故。（√）

198. 对职业病的诊断裁定，政策性很强，决不能将普通疾病和职业病互为混淆。（√）

199. 重伤事故是指有重伤无死亡的事故。（√）

200. 死亡事故是指一次事故死亡1～2人的事故。（√）

201. 企业职工伤亡事故是指企业员工在生产劳动过程中，由于生产环境和作业场所存在的不安全、不卫生因素被激发而发生的各种人身伤害、急性中毒事故。（√）

202. 危险点控制管理体现了系统原理的管理思想。（√）

203. 安全生产的社会监督是依法监督。（√）

204. 生产性建设项目的施工单位必须按所批准的安全设施设计方案进行施工，落实建设项目初步设计和施工设计中的安全卫生防护设施，不得随意更改设计内容。（√）

205. 损失工作日等于和大于105日的失能伤害为重伤。（√）

206. 企业一旦发生重大伤亡事故，应及时赶赴事故现场组织抢救，并及时将事故情况报告政府有关部门。（√）

207. 不安全行为和不安全状态为是事故的直接原因。（√）

208. 在事故类别中，"高处坠落"是指人在工作面由于失去平衡，在重力作用下坠落引起的伤害事故。（√）

209. 回火防止器是用来把回火的燃烧气体堵截在回火防止器内，防止火焰进入乙炔发生器，避免发生爆炸。（√）

210. 气割割炬按可燃气体与氧气混合的方式分射吸式和等压式两种。（√）

211. 当在海上遇险时，在船体有破洞的一面跳水是危险的，容易被吸入船舱。（√）

212. 在用电梯的定期检验周期为两年。（×）

213. 在高度触电危险和特别潮湿的场所应采用24V安全电压。（×）

214. 锅炉在运行中可以排除的事故或经过短暂停炉即可排除的事故属于重大事故。（×）

215. 在事故类别中，"火药爆炸"是指火药与炸药在运输、贮藏的过程中发生的爆炸事故。（×）

216. 一个企业在进行事故管理时，对未遂事故可以不去管它。（×）

217. 在正常的工作时间以外又延长时间进行生产工作的称为加班。（×）

218. 因设备、产品不合格或安装工作质量问题而导致使用单位人员发生伤亡事故的，事故责任单位可不予报告统计。（×）

219. 在爆炸危险场所内的绝缘导线必须穿硬塑料管配线，严禁明敷。（×）

220. 用电笔检验线路指示无电，则可认为线路已停电。（×）

221. 电工登高作业时为了提高工作效率，在环境许可的情况下可抛递材料与工具。（×）

222. 导致人员伤害的物体和物质称为起因物。（×）

223. 导致事故发生的物体和物质称为致害物。（×）

224. 不安全行为和不安全状态是事故的间接原因。（×）

225. 在人的意识行为和物的存在状态这两大系列运动中，二者是依照各自的活动特点、基本规律分别独立进行的。（×）

226. 根据危险点可能造成伤害和损失的严重程度，一般可将危险点的危险性等级分为四级。（×）

227. 从业人员发现直接危及人身安全的紧急情况时，一律有权马上从作业现场撤离。（×）

228. 《安全生产法》第七十七条确立了事故统计公布制度的有关内容。（×）

229. 含 10％以上游离二氧化硅粉尘最高允许浓度为 10mg/m³。（×）

230. 跨地区从业或跨地区流动施工单位的特种作业人员必须接受原考核发证地安全生产综合管理部门的监督管理。（×）

231. 负有安全生产监督管理职责的部门对涉及安全生产的事项进行审查、验收时，可酌情收取一定的工本费。（×）

232. 法律权利是指法律所规定的义务人应该按照权利人要求从事或不从事一定的行为，以满足权利人的利益的法律手段。（×）

233. 伤亡事故是指企业职工在生产劳动过程中发生的人身伤害和职业病。（×）

234. 危险就是意外的变故或灾难，或者说是一种不希望有的和意外的事件。（×）

235. 人识别外界物体的清晰程度主要取决于照度的数值大小。照度过小会加速人的视觉疲劳。因此，应在经济条件和客观条件许可的前提下尽可能提高照度。（×）

236. 在安全生产法立法宗旨的表述上，将防止和减少生产安全事故、促进经济发展放在第一位。这是安全生产法的第一要任，是预防和控制事故的指导思想。（×）

237. 法律义务是指法律所允许的权利人为了满足自己的利益而采取、由其他人的法律义务所保证的法律手段。（×）

238. 机械的间接安全技术措施是指制定机器安装、使用、维修的安全规定及设置标志。（×）

239. 安全管理是生产管理的一个分支，二者对立统一，构成企业管理的整体。（×）

240. 所谓Ⅱ级危险点，是可能造成重伤、导致设备造成损失的生产现场。（×）

241. 接地（或接零）装置不但可以防止直接触电，而且也可以防止间接触电。（×）

242. 在气焊作业中，氧气胶管和乙炔气胶管可以混用。（×）

243. 法定职业病包括了职业性多发病。（×）

244. 海因里希事故法则 1：29：300 中的 300 是指统计范围中的发生伤害事故的宗数。（×）

245. 对工人的安全教育类型，主要是对新工人入厂的三级教育和特种作业人员教育。（×）

246.《职业病防治法》体现了"安全第一，预防为主"的方针。（×）

247. 从业人员对生产经营单位违反法规、强制性国家标准和安全生产规章制度的指挥、指令以及强令冒险作业等，经反映请示并获准，可不予执行。（×）

248. 当三角胶带出现松弛、疲劳或断裂现象时，可以连接起来使用。（×）

250. 人们主观感觉到的温度不仅与环境温度有关，还受到通风情况的影响。（×）

251. 本质安全就是在设备、设施安装或试运行阶段，根据所发现的问题或隐患加以研究并得到采用的，能从根本上消除、控制危险危害因素，防止发生事故和职业危害的技术措施。（×）

252. 编制安全检查表，首先也是最重要的一步就是确定安全检查的标准和要求。（×）

253. 从国家宏观整体的角度来看，我国目前采用的是强化综合管理的监督管理模式。（×）

254. 矿山、建筑施工以及危险物品的生产、经营、储存单位，应根据其生产规模情况，考虑设置安全生产管理机构或配备专、兼职安全生产管理人员。（×）

255. 安全电压就是电不死人的电压。（×）

256. 短路保护装置的作用是防止电气设备和线路发生短路故障。（×）

257. 有人说事故管理的目的仅仅是处理事故当事人。（×）

258. 重伤事故、死亡事故或重大死亡事故发生后，负伤人员或事故目击者应在两小时内向班组长及车间领导报告。（×）

259. 系统因其具有稳定的特征，因而一经确定之后，运行期间不宜作调整改变。（×）

260. 火灾爆炸指数法中暴露区域半径为火灾爆炸指数的1倍。（×）

261. 所谓本质安全，就是指设备、设施或技术工艺通过改良，具有能够防止发生事故的功能。（×）

262. 宏观的安全管理泛指一切保护劳动者安全与健康、防止公私财产受到损失的管理活动。（×）

263. 专业性检查是针对不同行业特点所组织的检查。（×）

264. 当生产任务与安全发生矛盾时，应首先保证生产进度，并应在确保安全的前提下顺利进行。（×）

265. 安全生产的适用范围主要涵盖生产劳动过程的安全。（×）

266. 90dB以上的噪声对人的听力、神经系统、心血管系统都有明显影响。目前工业企业中新建车间和作业场所的噪声标准为90dB。（×）

267. 厂房建筑或布置时，可将有毒工段与无毒工段安排在同一个车间内。（×）

268. 危险与危险性描述的是同一个概念。（×）

269. 管理是造成事故的直接原因，人、物、环境的因素是事故的间接原因，但却是本质的原因。（×）

270. 广义的安全管理泛指国家从政治、经济、法律、体制、组织等各方面所采取的措施和进行的活动。（×）

271. 脉冲噪声比连续性噪声危害小。（×）

272. 中暑不纳入我国目前公布的职业病范围。（×）

273. 在生产活动中，由于事故的后果是不可预知。所以，若发生事故，往往是没有前兆的。（×）

274. 因为工伤事故的发生是偶然的、随机的现象，所以缺乏统计的规律性。（×）

275. 目标实施主要依靠上级对下级的领导，帮助协调和控制，但也不能放松各级组织和广大职工的自我控制。（×）

276. 工作节奏过快会增加劳动强度并使工人感到紧张，导致疲劳并诱发操作失误，造成工伤事故。因此，为保障安全起见，在保证工作效率的前提下，应尽可能减缓工作节奏。（×）

277. 人的生理特性是在心理特性的基础上产生和发展起来的。因此，有意的不安全行为完全受其心理特性的影响。（×）

278. 安全生产的群众监督不具有国家监察的强制法律效力，只是一种形式而已。（×）

279. 安全责任即事故责任。（×）

280. 盛装腐蚀性和毒性气体（如氯、硫化氢）的气瓶，应每三年检验一次。（×）

281. 压力容器是指能够承受内压力载荷作用的密闭容器。（×）

282. 重伤事故、死亡事故或重大死亡事故发生后，车间负责人接到事故通知后，应在两小时内报告企业负责人、企业安全技术管理部门和企业工会。（×）

283. 在事故类别中，"车辆伤害"是运动中的机动车辆引起的伤害事故。（×）

284. "本质安全"的概念始于石油化工设施的防爆构造设计。（×）

285. 监督管理职能强调监督的效果，信息职能强调可靠及时。（×）

286. 特种作业人员必须持证上岗，无证上岗的，按国家有关规定对用人单位进行处罚。（×）

287. 吊有重物的桥式起重机可以从人的上空通过。（×）

288. 重大死亡事故是指一次事故死亡6人以上（含6人）的事故。（×）

289. 损失工作日少于100日的失能伤害为轻伤事故。（×）

290. 特大死亡事故是指一次事故死亡20人以上（含20人）的事故。（×）

291. 由于安全生产法适用的是广义的安全生产概念，所有各行业安全领域均应执行安全生产法的规定。（×）

292. 毒物进入人体内，其剂量不足也可以引起急性中毒。（×）

293. 粉尘分散度高，吸入粉尘机会少。（×）

294. 储存氧气瓶的库房，其照明、排气扇、风扇等电气设备均须用防爆型的产品，其电气开关和熔断器都应装在库房内。（×）

295. 电锯、机床、纺织机发生的声音属于电磁性噪声。（×）

296. 尘肺一般发生以后可以治愈。（×）

297. 由于油漆中含有苯、甲苯等有毒物质，工人在进行喷涂作业时必须戴好纱布口罩。（×）

298. 盛装一般气体（如氧、氢、二氧化碳等）的气瓶，应每五年检验一次。（×）

299. 若排除了机械设备或处理危险物质过程中的隐患，消除事物的不安全状态，就切断了系列事故的联系。（×）

300. 在危险物质和危险场所，危险设备和危险作业特别要强调系统安全分析和危险性评价。（×）

301. 安全检查是一项专项性的安全管理措施。（×）

302. 锅炉没有进行水处理也可以投入使用。（×）

303. 目前我国消防工作的方针是：以防为主，以消为辅。（×）

304. 厂房防爆泄压是防止爆炸事故发生，避免事故损失的有效保证。（×）

305. 燃点与闪点同是一回事。（×）

306. 建筑物的通风主要是为了改善室内环境的空气质素。（×）

307. 在建筑物的防火间距内一般不得搭盖建筑物，具有较高耐火等级的除外。（×）

308. 具备了燃烧的三要素就一定会产生燃烧。（×）

309. 实际上，燃烧仅仅是一种化合反应过程。（×）

310. 闪点对可燃固体及闪点较高的可燃液体，从消防角度来看具有实际意义。如将这些物质的温度控制在燃点以下，就可防止火灾的发生。（×）

311. 甲、乙类生产厂房中排出的空气可循环使用，如含有粉尘、纤维时，则须经过净化后才能循环使用。（×）

312. 室内灭火输水管网可为枝状，但其进水管应不少于两条，并以两个不同的方向进入。（×）

313. 有爆炸危险的场所的绝缘电线应采用护线塑料管穿管敷设，电缆应采用埋地暗敷。（×）

314. "谁主管，谁负责"原则的实质是：形成一个纵向到边、横向到底、纵横结合的整体的全方位型的防火网络。（×）

315. 可燃物质开始持续燃烧所需的最低温度叫自燃点。（×）

316. 电梯的制造、安装、维修单位必须经特种设备检测部门审查合格、持证。（√）

317. 安全标志用简明醒目的颜色、几何图形符号并辅以必要的文字说明，以提醒警告人们防止危险，注意安全。（√）

318. 用声、光、颜色、文字符号等警告人们预防危险的装置就称为警告装置。（√）

319. 当发生电气火灾时，一般应先设法断电。如果情况十分危急或无断电条件时，可以在采取安全措施后带电灭火。（√）

320. 国务院第 34 号令中，"特别重大事故"是指造成特别重大人身伤亡或者巨大经济损失以及性质特别严重、产生重大影响的事故。（√）

321. 伤亡事故是指职工在劳动生产过程中发生的人身伤害、急性中毒事故。（√）

322. 座椅上设置安全带，容器上设置安全阀都是为了延缓能量的释放。（√）

323. 配电盘上的电压表读数为零也不能作为已停电的依据，但其指示有电则为带电。（√）

324. 根据安全监察规定，正在使用的桥式起重机每 2 年应报特种设备检测部门检测。（√）

325. 各种机械设备（包括防护设备）必须建立设备安全操作规程。（√）

326. 中毒是指生物体因毒物作用而受到损害后所出现的疾病状态。（√）

327. 在安全管理工作中，从事故统计的角度看，把造成损失工作日达到或超过 1 天的人身伤害或急性中毒事故称作伤亡事故。（√）

328. 在事故类别中，"淹溺"是指人落入水中，水侵入呼吸系统引起的伤害事故。（√）

329. 由于管理工作中时时处处都存在安全问题，安全生产应该实施全员、全方位、全过程和全天候的安全管理。（√）

330. 飞轮、齿轮、摩擦轮传动装置一般应用全封闭式防护罩，也可用一圆盘遮住外露一侧或两侧的轮辐进行防护。（√）

331. 锅炉水处理分炉外处理和炉内处理两大类。（√）

332. 烟尘为悬浮在空气中直径小于 0.1μm 的固态微粒。（√）

333. 高频电磁场和微波辐射对人体机体作用主要是引起功能性改变，多数人在停止接触一段时间后可以得到恢复。（√）

334. 毒物对人体作用的大小是受许多因素影响的。（√）

335. 事故责任分析是根据事故调查所确认的事实，通过对直接原因和间接原因的分析，确定事故中的直接责任者和领导责任者。（√）

336. 对于责任事故的责任划分，通常有肇事者责任、领导者责任等。（√）

337. 安全技术措施就是为消除生产过程中的各种危险、有害因素，防止伤亡事故和职业危险，保证安全生产所采取的技术措施。（√）

338. 早期慢性职业中毒常为功能性的可逆性的改变。（√）

339. 在立法意义上的职业病具有一定的范围，即指政府所规定的法定职业病。（√）

340. 在医学上所称的职业病是泛指职业性有害因素所引起的特定疾病。（√）

341. 重伤事故、死亡事故或重大死亡事故发生后，企业负责人必须在 24 小时内用电话、电报、电传等方式快速将事故报告企业主管部门、企业所在地安全监察部门、公安部门、人民检察院的工会组织。（√）

342. 无意的不安全行为是无意识的或非故意的不安全行为，是不存在不适当需要和目的的不安全行为。（√）

343. 所谓Ⅰ级危险点，是可能造成多人死亡、设备系统造成重大损失的生产现场。（√）

344. 电气设备的停止按钮必须是红色的，不准使用其他颜色的按钮。（√）

345. 砂轮的安全速度是防止砂轮因高速旋转而破裂，在离心力作用下碎块飞甩出去而造成伤害的速度。（√）

346. 尘肺一般发生以后就无法治愈，因此应加强预防工作。（√）

347. 夏季露天作业，如建筑、搬运等露天作业属高温作业。（√）

348. 生产过程中可能对劳动者的健康产生有害作用的因素称为生产性有害因素。（√）

349. 生产性粉尘是指在生产过程中产生并能较长时间浮游在空气中的固体微粒。（√）

350. 在企业中，防止人的不安全行为，消除物的不安全状态，必须从班组做起。（√）

351. 安全指标就是社会公众可以接受的危险度。它可以是一个风险率、指数或等级，而不是以事故为零作为安全指标。（√）

352. 机械危险可分机械危险和非机械危险。（√）

353. 职业性疾患包括职业病和职业性多发病两大类。（√）

354. 区别于生产噪声的有环境噪声（包括交通噪声）和生活噪声。（√）

355. 电焊作业的紫外线对人体的伤害主要是对眼睛造成伤害，对其他部位影响则不大。（√）

356. 特大死亡事故是指一次死亡10人以上（含10人）的事故。（√）

357. 在事故类别中，"物体打击"是指失控物体的重力或惯性造成的人身伤害事故，但不包括因爆炸引起的物体打击。（√）

358. 本质安全就是在规划设计阶段就加以研究并得到采用的能从根本上消除、控制危险、危害因素，防止发生事故和职业危害的技术措施。（√）

359. 冲床的双手操作安全装置的作用是：当操作者用双手同时按下起动按钮，使滑块向下行程运动。如果此时操作者的一只手离开按钮，滑块将停止下行程运动。（√）

360. 锅炉水位表显示的水位即是锅筒内的水位。（√）

361. 有电气的机械设备都应有良好的接地或接零装置。（√）

362. 劳动者在从事生产劳动的过程中，由于接触毒物而发生中毒称为职业中毒。（√）

363. 噪声性耳聋尚无有效的治疗方法，因此主要加强预防和采取听力保护措施。（√）

364. 不安全行为是指能够造成事故的人为错误。（√）

365. 在事故类别中，"透水"是指矿山、地下开采或其他坑道作业时，意外水源造成的伤亡事故。（√）

366. 直接引起伤害及中毒的物体和物质称为致害物。（√）

367. 在事故类别中，"其他爆炸"是指不属于瓦斯爆炸、火药爆炸、锅炉爆炸、容器爆炸的爆炸。（√）

368. 安全生产监察程序：1）监察准备；2）听取汇报；3）现场调查；4）提出意见或建议；5）发出《监察指令书》或《处罚决定书》。（√）

369. 长期接触强噪声，听阈不能恢复到原来正常水平，听力下降呈永久性改变，称永久性听阈位移。（√）

370. 人的机体接触生产性毒物时不一定受到损害，是否导致中毒是有条件的。（√）

371. 伤亡事故是指企业职工在生产劳动过程中发生的人身伤害和急性中毒。（√）

372. 在事故类别中"起重伤害"是指从事起重作业时引起的伤害事故。（√）

373. 在事故类别中"火灾"是指造成人身伤亡的企业火灾事故。（√）

374. 在事故类别中"锅炉爆炸"是指生产经营用的锅炉发生的物理性爆炸事故。（√）

375. 不安全行为是指能够造成事故的人为错误和管理缺陷。（√）

376. 在事故类别中"触电"是指电流流经人体造成的生理伤害事故。（√）

377. 在事故类别中"其他伤害"是指凡无法归入其他事故类别的伤亡事故，如扭伤、跌伤、冻伤、野兽咬伤、钉子扎伤等。（√）

378. 在分析事故责任时，如果查清本企业的员工没按规定进行安全教育和技术培训，或未经工种考试合格上岗操作，应该追究领导者的责任。（√）

379. 损失工作日是指被伤害者失能的工作时间，是衡量伤亡事故伤害程度的指标。（√）

380. 系统安全分析是以系统的全面的观点，对危险发生的可能性、危险后果的严重性进行综合评价。（√）

381. 安全目标管理是重视人、激励人和充分调动人的主观能动性的管理。（√）

382. 危险是一种或一组潜在的条件或状态，当它受到激发时就会变为现实状态或称显现，从而导致事故，造成损失和伤害。（√）

383. 短路保护装置的作用是有选择性地迅速断开发生短路故障的电气设备或线路的电源，避免短路事故扩延危害。（√）

384. 绝缘防护就是使用绝缘材料将带电导体封护或隔离起来，使电气设备及线路能正常工作，防止人身触电。（√）

385. 近距离搬运气瓶时，允许采用徒手倾斜滚动的方法运输。（√）

386. 能量是对人体造成伤害的根源，没有能量就没有伤害。（√）

387. 工作接地就是为保护人身安全，将电气装置中平时不带电，但可能因绝缘损坏而带上危险的对地电压的外露导电部分与大地作电气连接。（√）

388. 在低压线路上带电作业上杆前，应先分清低压火线和中性（零）线，并用验电笔测试，判断后再选定工作位置。（√）

389. 在氧气瓶检查漏气时，应使用肥皂水检漏，严禁使用明火检漏。（√）

390. 《磨削机械安全规程》规定：在安装砂轮前必须核对砂轮主轴的转速不准超过砂轮的最高工作速度。（√）

391. 所谓工伤保险，是指国家或政府通过建立社会保险机构向企业（雇主）强制征收工伤保险费形成工伤保险基金，在员工（雇主）意外遭遇工伤事故或职业病而丧失劳动能力、中断经济收入时，由工伤保险基金在物质和经济上予以补偿和帮助的一种社会保险制度。（√）

392. 位于高度超过2m（含2m）的工作点，应按登高作业安全要求提供必需的防护设施和个人防护用品。（√）

393. 有些作业环境虽未使用有毒物质，但在特定中毒情况下可接触毒物而致发生中毒。（√）

394. 长期接触噪声会影响工作效率，使人产生厌烦、苦恼、心情烦噪不安等心理异常表现。（√）

395. 高温、高湿作业是指高气温、气湿而热辐射强度不大的作业，如印染、造纸工业的高温车间。（√）

396. 毒物对人体毒性作用的大小主要与毒物本身的化学结构和理化性质、人的个体状况和环境条件等因素有关。（√）

397. 劳动强度大，劳动环境（条件）差（如高温、通风不良），毒物相对较易进入人体。（√）

398. 新工人进厂时应进行预防性体格检查，以便及早发现有无职业禁忌症和便于做好保健工作。（√）

399. 安全生产法律关系的产生，首先要以现行的安全生产法律规范的存在为前提。同时，还要有法律规范适用的条件，即法律事实的出现。（√）

400. 在车床主轴上装卸卡盘时应在停机后进行，不可以借助电动机的转矩来取下卡盘。（√）

401. 一切可燃液体的燃点都低于闪点，而且液体的闪点越低，燃点与闪点之间的差值就越大。（√）

402. 采用防烟方式时，一般是采用机械负压引风，使防烟楼梯间及其前室、消防电梯前室和合用前室保持负压，且楼梯间的压力略低于前室的压力。（√）

403. 燃烧是指可燃物与氧或氧化剂作用发生的放热反应，通常伴有火苗和发烟的现象。（√）

404. 起火后当火势越过门窗向外蔓延前所需要的时间为 5～7min，随即转入猛烈的燃烧阶段，火灾温度达 1000℃以上。（√）

405. 在有可燃气体、蒸气和粉尘并可达到爆炸浓度的房间内安装的风机应选择防爆型。（√）

406. "两预"就是要做到预知火灾的危险性和预知火灾的危害性。（√）

407. 建筑物之间设置防火间距，是为了防止初起火灾向相邻建筑蔓延和为扑救创造方便条件。（√）

408. 安全疏散是指在发生火灾时，及时将人员和物资撤出火灾现场，离开危险地带。（√）

409. 安全疏散的出口必须直通屋外，如果是通向封闭院子或死巷道方向开启的门，不能作为安全出口。（√）

410. 我国的消防法规可分为消防基本法规、消防行政法规和消防技术规范。（√）

411. 形成燃烧的前提条件是：必须使可燃物质与氧有一定的数量比例。（√）

412. 防火分区可分为水平防火分区和竖向防火分区。（√）

413. 排送有燃烧或爆炸危险的气体或粉尘的通风系统应有防爆功能。（√）

414. 凡生产、使用有可燃气体、蒸气粉尘的厂房都要设置必要的防爆泄压设施。（√）

415. 建筑防爆泄压的基本原则包括敞、侧、单、顶、通五个原则。（√）

三、触电急救类（判断、选择）

判断题

1. 体外心脏挤压法每分钟需进行 60 次左右。（×）

2. 触电者若出现心脏停止跳动呼吸停止，在场的电工抢救 5 小时后不能复活就可认定触电者死亡。（×）

3. 发现有人触电，应立即使触电者迅速脱离电源，再在现场救护。（√）

4. 50mA 的工频电流就可以使人遭到致命电击。（√）

选择题

1. 触电事故中，绝大部分是由于（A）导致人身伤亡的。

A. 人体接受电流遭到电击　　　　　B. 烧伤

C. 电休克　　　　　　　　　　　　D. 休克

2. 发生触电事故的危险电压一般是从（C）V 开始。

A. 24　　　　　　B. 36　　　　　　C. 65　　　　　　D. 40

3. 触电伤员如神智不清，应就地仰面躺平，且确保气道通畅，并用（C）钟时间，呼叫伤员或轻拍其肩部，以判定伤员是否意识丧失。

A. 3S　　　　　　B. 4S　　　　　　C. 5S　　　　　　D. 6S

4. 触电急救必须分秒必争，对有心跳呼吸停止的患者应立即用（A）进行急救。

A. 人工呼吸法　　　B. 心肺复苏法　　　C. 胸外按压法　　　D. 医疗器械

5. 若触电人呼吸和脉搏都已停止，双人抢救其节奏为按压（A）次后吹气一次。

A. 5　　　　　　B. 10　　　　　　C. 15　　　　　　D. 20

6. 单人抢救伤员时，若触电人心脏和呼吸都已停止，抢救的节奏为按压（C）次后吹气两次。

A. 5　　　　　　B. 10　　　　　　C. 15　　　　　　D. 20

7. 触电者触及断落在地上的带电高压导线且尚未确证线路无电，救护人在未做好安全措施前，不能接近断线点（B）范围内。

A. 3～5m　　　　B. 8～10m　　　　C. 15～20m　　　　D. 18～20m

8. 为使触电者与导电体解脱，救护人最好用（A）只手进行。

A. 一　　　　　　B. 两　　　　　　C. 随意　　　　　　D. 无所谓

9. 人体对直流感知电流比交流数值（B）。

A. 小　　　　　　B. 大　　　　　　C. 相等　　　　　　D. 无关

10. 人体电阻越小，流过人体的电流（A）。

A. 越大　　　　　B. 越小　　　　　C. 无关　　　　　　D. 不确定

11. 人体触电最危险的电流途径是（C）。

A. 胸—右手　　　B. 背—右手　　　C. 胸—左手　　　D. 背—左手

12. 当通过人体的电流超过（B）时，触电人将不能自行摆脱带电体。

A. 5mA　　　　　B. 10mA　　　　　C. 30mA　　　　　D. 20mA

13. 通过人体的电流大小与致命的危险性（A）。

A. 成正比　　　　B. 成反比　　　　C. 无关　　　　　D. 不成比例

14. 目前，我国的供电系统采用的交流电的频率为（A）。

A. 50Hz   B. 40Hz   C. 60Hz   D. 30Hz

15 触电人已失去知觉，还有呼吸，但心脏停止跳动，应使用以下哪种急救方法（B）。

A. 仰卧牵臂法   B. 胸外心脏挤压法 C. 俯卧压背法   D. 口对口呼吸法

16. 电流通过人体的途径，从外部来看，（A）的触电最危险

A. 左手至脚   B. 右手至脚   C. 左手至右手   D. 脚至脚

17. 触电时间越长，人体的电阻值（B）。

A. 变大   B. 变小   C. 不变   D. 不一定

18. 触电时通过人体的电流强度取决于（C）。

A. 触电电压   B. 人体电阻

C. 触电电压和人体电阻   D. 都不对

19. 触电人已失去知觉，还有呼吸，但心脏停止跳动，应使用以下哪种急救方法（B）。

A. 仰卧牵臂法   B. 胸外心脏挤压法 C. 俯卧压背法   D. 口对口呼吸法

20. 人体同时触及带电设备或线路中的（B）而发生的触电方式称为两相触电。

A. 分别两个电源   B. 两相导体   C. 两个回路   D. 两个接线点

21. "本质安全"的概念始于电气设备的（B）构造设计。

A. 防触电   B. 防爆   C. 防短路   D. 防人身伤害

22. 工人在作业时，因碰到裸露的临时电线遭电击引起的皮肤及其他器官、组织损伤事故，属于（C）事故类别。

A. 其他伤害   B. 电击伤害   C. 触电   D. 灼烫

23. 人体触电而不致于死亡的安全电流为（C）mA。

A. 60   B. 50   C. 30   D. 10

24. 人体直接触电有（D）。

A. 单相触电   B. 两相触电   C. 电弧伤害   D. A、B和C

25. 触电急救的八字方针是（C）。

A. 迅速、送院、正确、坚持   B. 就地、报告、坚持、耐心

C. 迅速、就地、正确、坚持   D. 积极、主动、就地、坚持

26. 人体直接碰触带电设备或线路的一相导体时，电流通过人体而发生的触电现象称之为（A）。

A. 单相触电   B. 两相触电   C. 电弧伤害   D. 电伤

27. 当判定触电者呼吸和心跳停止时，应立即（A）抢救。

A. 就地按心肺复苏法   B. 打电话通知医生前来

C. 用汽车迅速送医院   D. 直送单位医务室

28. 在高度触电危险的环境以及特别潮湿的场所内应使用（B）V安全电压。

A. 36   B. 12   C. 6   D. 42

29. 两相触电时，作用于人体的电压等于（B）。

A. 相电压   B. 线电压   C. 相电压与线电压 D. 零线电压

30. 胸外按压与口对口（鼻）人工呼吸同时进行，其节奏为：单人抢救时，每按压（B）次后吹气2次，反复进行。

A. 5　　　　　　　B. 15　　　　　　　C. 10　　　　　　　D. 20

31. 胸外按压要以均匀速度进行，每分钟（D）次左右。

A. 50　　　　　　　B. 60　　　　　　　C. 70　　　　　　　D. 80

32. 口对口人工呼吸时，先连续大口吹气两次，每次（D）。

A. 1～2s　　　　　B. 2～3s　　　　　C. 1.5～2.5s　　　D. 1～1.5s

33. 口对口人工呼吸每分钟（B）次。

A. 10　　　　　　　B. 12　　　　　　　C. 20　　　　　　　D. 22

34. 电流对人体危害程度影响因素主要有电流大小、电流途径、（C）、电流种类、人体特征和人体电阻等。

A. 直流电流　　　　B. 感知电流　　　　C. 持续时间　　　　D. 变电电流

35. 通过人体引起心室发生纤维性颤动的（B）电流称为室颤电流。

A. 最大　　　　　　B. 最小　　　　　　C. 稳定　　　　　　D. 变压

四、工作票制度类

判断题

1. 工作票负责人在原工作票的停电范围增加工作任务或扩大工作范围，无需填用新的工作票。（×）

2. 在高压设备上需要全部停电或部分停电的电气工作，应填第一种工作票。（×）

3. 一个工作负责人只能发给一张工作票，工作票上所列工作地点，以一个电气连接部分为限。（×）

4. 工作期间，工作负责人（监护人）若因故离开工作现场时，应指定能胜任的人员临时代替，交代清楚，并告知工作班组成员。原工作负责人返回工作现场时，无需履行同样的手续。（×）

5. 对于仅是单一的操作、事故处理操作、拉开接地刀闸和拆除仅有的一组接地线的操作，可不必填写操作票，但应记入操作记录本。（√）

6. 运行电气设备操作必须由两人执行，由工级较低的人担任监护，工级较高者进行操作。（×）

7. 变配电所操作中，接挂或拆卸地线、验电及装拆电压互感器回路的熔断器等项目可不填写操作票。（×）

8. 变电所停电操作，在电路切断后的"验电"工作，可不填入操作票。（×）

9. 已执行的操作票注明"已执行"。作废的操作应注明"作废"字样。这两种操作票至少要保存三个月。（√）

10. 变电站（所）倒闸操作必须由两人执行，其中对设备熟悉者做监护人。（√）

11. 在倒闸操作中若发生疑问时，可以更改操作票后再进行操作。（×）

12. 填写操作票，要包括操作任务操作顺序、发令人、操作人、监护人及操作时间等。（√）

13. 各级调度在电力系统的运行指挥中是上、下级关系。下级调度机构的值班调度

员、发电厂值长、变电站值班长，在调度关系上受上级调度机构值班调度员的指挥。（√）

14. 熟练的值班员，简单的操作可不用操作票，而凭经验和记忆进行操作。（×）

15. 值班人员必须熟悉电气设备，单独值班人员或值班负责人还应有实际工作经验。（√）

16. 每张操作票只能填写一个操作任务，每操作一项做一个记号"（√）"。（√）

17. 巡视配电装置，进出高压室，必须随手将门锁好。（√）

18. 在发生人身触电事故时，为了解救触电人，可以不经许可，即行断开有关设备的电源，但事后必须立即报告上级。（√）

19. 带电作业必须设专人监护。监护人应由有带电作业实践经验的人员担任。监护人不得直接操作。监护的范围不得超过一个作业点。（√）

20. 值班人员可以口头约定进行停电、送电操作。（×）

21. 高压试验工作可以一人来完成。（√）

22. 高压试验填写工作票。（×）

23. 使用携带型仪器在高压回路上进行工作，需要高压设备停电或做安全措施的，可不填工作票，就可以单人进行。（×）

24. 值班人员在高压回路上使用钳形电流表的测量工作，应由两人进行。非值班人员测量时，应填第二种工作票。（√）

25. 电力电缆停电工作应填用第一种工作票，不需停电的工作应填用第二种工作票。（√）

26. 二次接线回路上的工作，无需将高压设备停电者。需要填写第一种工作票。（×）

27. 事故处理或倒闸操作中到了下班时间可以按时交接班。（×）

28. 发生严重危及人身安全情况时，要先填写好倒闸操作票后再进行停电。（×）

29. 低压带电作业也应设专人监护，即至少一人监护，一人操作。（√）

选择题

1. 接受倒闸操作命令时，（A）。

A. 要有监护人和操作人在场，由监护人接受

B. 只要监护人在场，操作人也可以接受

C. 可由变电站（所）长接受

D. 只要监护人在场，可由变电站（所）长接受

2. 值班运行人员与调度员进行倒闸操作联系时，要首先互报（D）。

A. 单位、姓名、年龄　　　　　　　B. 单位、值别、姓名

C. 单位、姓名、运行状态　　　　　D. 单位、姓名、时间

3. 进行倒闸操作时，监护人宣读操作项目，操作人复诵，监护人确认无误，发出（B）执行命令后，操作人方可操作。

A. 干对　　　　　B. 可以操作　　　　C. 注意点对　　　　D. 看着点

4. 送电时，其倒闸操作顺序为（A）。

A. 先合母线侧刀闸，再合线路侧刀闸，最后合上开关

B. 先合线路侧刀闸，再合母线侧刀闸，最后合上开关

C. 先合开关，后合负荷侧刀闸，最后合母线侧刀闸

D. 先合开关，后合负荷侧刀闸工作票

5. 无需将高压设备停电的工作，填用（B）工作票。

A. 第一种　　　　　B. 第二种　　　　　C. 第三种　　　　　D. 第四种

6. 在低压配电盘、配电箱等工作要填用（B）工作票。

A. 第一种　　　　　B. 第二种　　　　　C. 第三种　　　　　D. 第四种

7. 在二次接线回路上工作，无需将高压设备停电时，应用（C）。

A. 倒闸操作票　　B. 第一种工作票　　C. 第二种工作票　　D. 第三种工作票

8. 更换低压导线时，要填用（A）工作票。

A. 第一种　　　　　　　　　　　　　B. 第二种

C. 按口头或电话命令　　　　　　　　D. 第三种

9. 在高压设备上工作需要部分停电，要填用（A）工作票。

A. 第一种　　　　　　　　　　　　　B. 第二种

C. 按口头或电话命令　　　　　　　　D. 第三种

10. 更换变压器低压套管需填（A）工作票。

A. 第一种　　　　　　　　　　　　　B. 第二种

C. 按口头或电话命令　　　　　　　　D. 第三种

11. 在带电设备外壳上的工作，要填用（B）工作票。

A. 第一种　　　　　　　　　　　　　B. 第二种

C. 按口头或电话命令　　　　　　　　D. 第三种

12. 保证安全的组织措施有工作票制度、工作监护制度、（C）和工作间断转移及终结制度。

A. 工作审报制度　　B. 工作批准制度　　C. 工作许可制度　　D. 工作申报制度

13. 非当值值班人员用钳形电流表测量高压回路的电流，要填用（B）工作票。

A. 第一种　　　　　　　　　　　　　B. 第二种

C. 按口头或电话命令　　　　　　　　D. 第三种

14. 工作票的字迹要填写工整、清楚、符合（B）的要求。

A. 仿宋体　　　　　B. 规程　　　　　C. 楷书　　　　　D. 印刷体

15. 操作票填写字迹要工整、清楚、提倡使用（C）并不得涂改。

A. 圆珠笔　　　　　B. 钢笔　　　　　C. 仿宋体　　　　　D. 印刷体

16. 操作票应根据值班调度员或（C）下达的操作计划和操作综合命令填写。

A. 上级领导　　　　B. 监护人　　　　C. 值班长　　　　D. 操作人

17. 一份操作票规定由一组人员操作，（A）手中只能持有一份操作票。

A. 监护人　　　　　B. 值长　　　　　C. 操作人　　　　　D. 专工

18. 操作票要妥善保管留存，保存期不少于（C），以便备查。

A. 三个月　　　　　B. 半年　　　　　C. 一年　　　　　D. 两年

19. 操作票填写完后，在空余部分（D）栏第一格左侧盖"以下空白"章，以示终结。

A. 指令项　　　　　B. 顺序项　　　　　C. 操作　　　　　D. 操作项目

20. 操作票上的操作项目包括检查项目必须填写双重名称，即设备（D）。

A. 位置和编号　　B. 名称和位置　　C. 名称和表记　　D. 名称和编号

21. 倒闸操作票执行后，必须（B）。

A. 保存至交接班　　B. 保存三个月　　C. 长时间保存　　D. 保存半年

22. 停电操作时，高压应先拉（B），后拉隔离开关。

A. 隔离开关　　B. 断路器　　C. 磁力起动器　　D. 变压起动器

23. 停电检修时，在一经合闸即可送电到工作地点的开关或刀闸的操作把手上，应悬挂（C）标示牌。

A. 在此工作　　　　　　　　　B. 止步，高压危险

C. 禁止合闸，有人工作　　　　D. 工作

24. 线路送电时，必须按照（D）的顺序操作，送电时相反。

A. 断路器、负荷侧隔离开关、母线侧隔离开关

B. 断路器、母线侧隔离开关、负荷侧隔离开关

C. 负荷侧隔离开关、母线侧隔离开关、断路器

D. 母线侧隔离开关、负荷侧隔离开关、断路器

25. 不许用（C）拉合负荷电流和接地故障电流。

A. 变压器　　B. 断路器　　C. 隔离开关　　D. 电抗器

26. 操作转换开关用术语是（D）。

A. 投入、退出　　B. 拉开、合上　　C. 取下、装上　　D. 切至

27. 操作室外跌落保险送电操作应（A）。

A. 先合上跌落保险上风侧一相，后合下风侧一相，最后合上中间相

B. 先合下风侧一相，再合上风侧一相，最后合中间相

C. 先合中间相，再合下风侧一相，最后合上风侧一相

D. 先合中间相，再合上风侧一相

28. 送电合闸操作的顺序应为（C）。

A. 断路器—负荷侧隔离开关—母线侧隔离开关

B. 负荷侧隔离开关—母线侧隔离开关—断路器

C. 母线侧隔离开关—负荷侧隔离开关—断路器

D. 断路器—负荷侧隔离开关

29. 高压断路器能通断（C）。

A. 短路电流　　B. 负荷电流　　C. A 和 B　　D. 电流

30. 高压负荷开关能通断（C）。

A. 短路电流　　B. 负荷电流　　C. A 和 B　　D. 电流

31. 如果线路是有人工作，停电作业时应在线路开关和刀闸操作手柄上悬挂（A）标志牌。

A. 止步、高压危险　　　　　　B. 禁止合闸、线路有人工作

C. 在此工作　　　　　　　　　D. 禁止工作

32. 停电拉闸操作必须按照（A）顺序依次进行。

A. 断路器—负荷侧隔离开关—母线侧隔离开关

B. 母线侧隔离开关—断路器—负荷侧隔离开关

C. 断路器—母线侧隔离开关—负荷侧隔离开关

D. 母线侧隔离开关—负荷侧隔离开关

33. 装有刀开关和熔断器的电路进行停电操作时，因刀开关机械故障拉不开，只得采取（C）的办法将电路停电。

A. 取下熔断器　　　B. 拉下负载开关　　　C. 将设备停电　　　D. 取下断路器

34. 低压带电工作时，断开导线应先断开（A）。

A. 相线　　　　　B. 零线　　　　　C. 中性零线　　　　D. 相线与零线

五、安全法规类

1. 以下选项中不属于安全生产执法基本原则的是（D）。

A. 联合执法的原则

B. 合法、公正、公开的原则

C. 有法必依、执法必严、违法必究的原则

D. 宣传和教育相结合的原则

2. 以下属于安全生产行政法规的是（A）。

A.《煤矿安全监察条例》　　　　　B.《珠海市安全生产条例》

C.《中华人民共和国安全生产法》　　D.《中华人民共和国矿山安全法》

3. 安全生产执法的原则是指（B）在安全生产执法活动中所应遵循的基本准则。

A. 国家安全生产监督管理部门　　　B. 行政执法主体

C. 各省市安全监察部门　　　　　　D. 安全管理员

4. 安全生产行政法规是由（C）组织制定并批准公布的。

A. 国家安全生产监督管理局　　　B. 全国人大常委会

C. 国务院　　　　　　　　　　　D. 地方人民政府

5. 安全生产法的立法目的是：加强安全全产监督管理，（B）生产安全事故，保障人民群众生命和财产，促进经济发展。

A. 控制　　　　　B. 防止和减少　　　C. 预防　　　　　D. 降低

6.《安全生产法》的空间效力范围是中华人民共和国的领域，包括（A）。

A. 我国的领土、领空和领海　　　B. 我国大陆地区和领海

C. 我国大陆地区、领空和领海　　D. 我国的领土和领海

7. 在安全生产工作中，必须坚持（D）的方针。

A. 安全生产重于泰山　　　　　　B. 以人为本，安全第一

C. 管生产必须管安全　　　　　　D. 安全第一，预防为主

8. 以下选项中不属于《安全生产法》申所规定的所有生产经营单位为确保安全生产必须做到的是（D）。

A. 遵守安全生产的法律、法规　　　B. 完善安全生产条件

C. 加强安全生产管理　　　　　　　D. 设立专门安全生产管理部门

9. 生产经营单位应当具备《安全生产法》和有关法律、行政法规和（C）所规定的安

全生产条件。

    A. 安全生产制度   B. 生产协会

    C. 国家和行业标准经营单位   D. 经营单位

10.《安全生产法》规定，生产经营单位的主要负责人对本单位的安全生产工作（C）。

    A. 主要负责   B. 承担责任   C. 全面负责   D. 间接负责

11. 企业安全生产管理机构指的是生产经营单位内设的专门负责（B）的机构。

    A. 安全生产   B. 安全生产监督管理

    C. 安全生产控制   D. 生产管理

12. 生产经营单位的主要负责人和安全生产管理人员必须具备与本单位从事的生产经营活动相适应的安全生产知识和（C）。

    A. 职称   B. 学历   C. 管理能力   D. 专业知识

13. 生产经营项目、场所有多个承包单位、承租单位的，生产经营单位应当与承包单位、承租单位签订专门的（D），或者在承包合同、租赁合同中约定各自的（D）。

    A. 管理标准、管理职责   B. 生产合同、管理职责

    C. 协议书、管理方案   D. 安全生产管理协议、安全生产管理职责

14. 以下不属于从业人员的安全生产法定权利的是（A）。

    A. 调整岗位权   B. 批评权   C. 建议权   D. 拒绝违章作业权

15. 以下不属于《安全生产法》中规定的从业人员的义务是（A）。

    A. 消除事故隐患的义务   B. 接收安全生产教育和培训的义务

    C. 发现不安全因素报告的义务   D. 遵章守规，服从管理的义务

16. 负有安全生产监督管理的部门实施监督管理，除了主动进入生产经营单位进行检查外，建立（D）也是一种有效的监督方式。

    A. 舆论体系   B. 安全生产责任制   C. 维权部门   D. 举报制度

17. 任何单位或者个人对事故隐患或者安全生产违法行为，均有权向负有安全生产监督管理职责的部门（A）。

    A. 报告和检举   B. 揭发和控告   C. 检举和揭发   D. 揭发和取证

18.《安全生产法》中规定：监察机关依照行政监察法的规定，对负有安全生产监督管理职责的部门及其工作人员履行安全生产监督管理职责实施（C）。

    A. 考核   B. 监督   C. 监察   D. 统一管理

19. 安全生产监督检查的最终目的之一是（D）。

    A. 对违反制度的工作人员进行处罚   B. 杜绝事故的发生

    C. 为生产单位进行危险评估   D. 为了保证生产经营单位不出或少出事故

20. 下列（B）系统是事故应急救援体系所不包括的。

    A. 应急救援指挥   B. 应急救援演练

    C. 应急救援日常值班   D. 应急救援信息和技术支持

21. 在应急救援时，有关地方人民政府和负有安全生产监督管理职责的部门的负责人接到重大生产安全事故的报告后应当（C）。

A. 咨询有关专家   B. 报告上级领导，等候指示

C. 立即赶赴现场，组织抢救   D. 处罚有关违章人员

22. 生产经营单位安全生产监督管理部门的职责是：接到事故报告后，应当（B）。

A. 制订抢救方案   B. 按规定上报事故情况

C. 指挥现场救援   D. 打扫清理事故现场

23. 县级以上地方各级人民政府负责（C）的部门，对本行政区域内安全生产工作实施综合监督管理。

A. 安全生产   B. 安全技术

C. 安全生产监督管理   D. 安全管理

24. 不符合生产、经营、储存危险物品场所的条件的选项是（D）。

A. 在员工宿舍和生产车间悬挂明显的疏散标志牌

B. 危险物品的车间、仓库应与员工宿舍保持安全距离

C. 员工宿舍设有紧急疏散的出口

D. 为了保证安全，晚间锁住员工宿舍和生产车间

25. 生产经营单位从事生产经营活动必须具备的前提条件是（C）。

A. 拥有技术熟练的员工   B. 资金充足

C. 以具备安全生产条件   D. 设置安全生产管理部门

26. 个人经营的投资人，未保证安全生产所必须的资金投人，导致发生生产安全事故，尚不够成刑事处罚的，可处以（A）。

A. 2 万元以上 20 万元以下的罚款   B. 5 万元以上 10 万元以下的罚款

C. 2 万元以上 10 万元以下的罚款   D. 5 万元以上 20 万元以下的罚款

27. 生产经营单位在较大危险因素的生产经营场所相关设备上，未设置明显的安全警示标志的，责令限期改正，途期未改正的，责令停产停业整顿，并可以并处（D）。

A. 10 万元以下的罚款   B. 2 万元以下的罚款

C. 2 万元以上的罚款   D. 5 万元以下的罚款

28. 生产经营单位没有按国家标准为从业人员提供劳动防护用品的，责令限期改正逾期未改正的，责令停产停业整顿，并可以并处（B）。

A. 2 万元以下的罚款   B. 5 万元以下的罚款

C. 2 万元以上的罚款   D. 10 万元以下的罚款

29. 生产经营单位使用国家明令淘汰、禁止使用的危及生产安全的工艺、设备的，责令限期改正；途期未改正的，责令停产停业整顿，并可以并处（D）。

A. 10 万元以下的罚款   B. 2 万元以下的罚款

C. 2 万元以上的罚款   D. 5 万元以下的罚款

30. 生产经营单位进行爆破、吊装等危险作业时，没有安排专门人员进行现场安全管理的，责令限期改正；途期未改正的，责令停产停业整顿，并可以并处（B）

A. 5 万元以上 10 万元以下的罚款   B. 2 万元以上 10 万元以下的罚款

C. 2 万元以上 5 万元以下的罚款   D. 5 万元以上 20 万元以下的罚款

31. 生产经营单位的从业人员不服从管理，违反安全生产规章制度或者操作规程，造

成了重大事故的，应（C）。

    A. 给予处分   B. 给予教育批评   C. 追究其刑事责任 D. 扣发奖金

32. 以下选项中与安全评价中介组织机构应具备的条件不相符的是（A）。

    A. 主管安全评价的技术负责人应具备 3 年以上从事工作的经历

    B. 具有工商行政管理部门注册的独立法人资格

    C. 具有专门从事安全评价的部门、固定的工作场所和工作条件

    D. 能够独立完成安全评价中主要职业危险、有害因素的调查分析

33. 由于某安全评价组织为一个生产经营单位出具虚假证明，并取得 2 万元的非法所得，对这个安全评价公司的处罚可以是（C）。

    A. 没收违法所得，并罚款 2 万元人民币 B. 没收其非法所得

    C. 没收非法所得，并罚款 8 万元人民币 D. 批评教育，限期整顿

34. 从事安全评价、认证、检测、检验工作的申介机构，对其作出的安全评价、认证、检测、检验的（A）负责。

    A. 结果   B. 后果   C. 效果   D. 手段

35. 生产经营单位将生产经营项目、场所、设备发包或者出租给不具备安全生产条件或者相应资质的单位或者个人的，责令（A），没收违法所得；违法所得（A）以上的，并处违法所得一倍以上五倍以下的罚款，没有违法所得或者违法所得不足（A）的，单处或者并处 1 万元以上 5 万元以下的罚款。

    A. 限期改正、5 万元、5 万元   B. 停产停业整顿、5 万元、5 万元

    C. 限期改正、10 万元、10 万元   D. 停产停业整顿、10 万元、10 万元

36. 生产经营单位及其有关人员犯有重大责任事故罪、重大劳动安全事故罪、危险物品肇事罪、消防责任事故罪等，应当承担的刑事责任包括（D）。

    A. 5 年以上 10 年以下有期徒刑

    B. 5 年以下有期徒刑；5 年以上 12 年以下有期徒刑

    C. 5 年以上 10 年以下有期徒刑

    D. 3 年以下有期徒刑或拘役；3 年以上 7 年以下有期徒刑

37. 行政执法人员徇私舞弊，对依法应当移交司法机关追究刑事责任的不移交，情节严重的，处以（A）。

    A. 3 年以下有期徒刑或拘役   B. 5 年以下有期徒刑

    C. 5 年以下有期徒刑或拘役   D. 罚金

38. 行政处罚遵循（B）的原则。

    A. 公正、公平   B. 公正、公开   C. 公平、公开   D. 公正严明

39. 根据《行政处罚法》的规定，行政处罚的种类申不包括的是（C）。

    A. 责令停产停业 B. 罚款   C. 处分   D. 吊销执照

40. 行政处罚由具有（D）的行政机关在法定职权范围内实施，行政机关（D）委托其他组织或个人实施行政处罚。

    A. 相关权利、不得   B. 安全监督管理权、可以

    C. 一定权力、在一定条件下可以 D. 行政处罚权、不得

41. 移送管辖指的是违法行为构成犯罪的，行政机关必须将案件移送（C）。

    A. 上级行政机关　　B. 公安机关　　　C. 司法机关　　　D. 国务院

42. 对行政处罚的责任年龄的规定是：不满（D）周岁的任有违法行为的，不予以行政处罚，责令监护人加以管教。

    A. 12　　　　　　B. 15　　　　　　C. 18　　　　　　D. 14

43. 行政处罚应与安全生产违法行为的事实、性质、情节以及（B）相当。

    A. 事故后果　　　B. 社会危害程度　　C. 违法对象　　　D. 实施过程

44. 进行行政处罚的决定时，三种不同行政处罚的程序有：简易程序、一般程序和（B）。

    A. 完整程序　　　B. 听证程序　　　C. 完全程序　　　D. 取证程序

45. 为了保护劳动者的合法权宜，调整劳动关系，建立和维护适应社会主义的劳动制度，促进经济发展和社会进步这是（A）的立法目的。

    A.《劳动法》　　B.《职业病防治法》C.《安全生产法》　D.《工伤保险条例》

46. 在《劳动法》重规定了（A）对劳动过程中有监督权利。

    A. 工会和个人　　B. 从业人员　　　C. 安全管理部门　　D. 生产经营者

47. 以下不属于《劳动法》中关于劳动安全卫生方面的规定是（C）。

    A. 用人单位必须建立、健全劳动安全卫生制度、规程和标准

    B. 劳动安全卫生设施必须符合国家规定的标准

    C. 经过专门培训后劳动者就可从事特种作业

    D. 劳动者在劳动过程中必须经过严格遵守安全操作规程

48.《职业病防治法》的立法依据是预防、控制和消除职业病危害，防治职业病，保护劳动者健康及其相关权益，根据（C）制定。

    A. 全生产法　　　B. 劳动法　　　　C. 宪法　　　　　D. 疾病防治法

49. 劳动者依法享受（C）的权利；工会在用人单位的职业病防治工作中有（C）的权利。

    A. 职业卫生、保护检举　　　　　　B. 健康、检举

    C. 职业卫生、保护监督　　　　　　D. 健康、监督

50. 用人单位对从事接触职业病危害的作业的劳动者，应当给予适当的（D）。

    A. 防护用品　　　B. 物质奖励　　　C. 表扬　　　　　D. 岗位津贴

51. 职业病病人除依法享有工伤社会保险外，依照有关（D），有权向用人单位提出赔偿要求。

    A. 惯例　　　　　B. 文件规定　　　C. 社会规范　　　D. 民事法律

52. 从事职业卫生技术服务的机构不按《职业病防治法》履行法定职责的，由（D）责令立即停止违法行为，给予警告并没收违法所得；并按违法所得的多少给予相应的罚款。

    A. 安全生产监督管理部门　　　　　B. 卫生行政部门

    C. 公安机关　　　　　　　　　　　D. 司法部门

53. 一个没有经过批准的医疗卫生机构擅自进行职业病诊断，获得了 1 万元的收入，

则该机构的违法所得必须被没收，同时应该处以（A）的罚款。

    A. 2～10 万元   B. 1～5 万元   C. 2～5 万元   D. 1～10 万元

54. 矿山开采必须具备保障安全生产的条件，执行（A）的矿山安全规程和行业技术规范。

    A. 开采不同旷种   B. 统一   C. 国家统一   D. 专业

55. 当前我国对矿山企业行使监督管理职责的部门是：县级以上各级人民政府的（B）部门。

    A. 劳动和社会保障   B. 安全生产监督管理

    C. 矿山主管   D. 卫生

56. 发生一般矿山事故，由（D）负责调查和处理；如发生重大矿山事故，由政府及其（D）按照行政法规的规定进行调查和处理。

    A. 安全生产监督管理部门、矿山企业和工会

    B. 安全生产监督部门、有关部门和矿山企业

    C. 矿山企业工会、安全生产监督部门

    D. 矿山企业有关部门、工会和矿山企业

57. 矿山建设工程安全设施未经验收或验收不合格、擅自投入生产的企业，应由安全生产监督管理部门（D）。

    A. 对企业负责人进行刑事处罚   B. C 处以罚款

    C. 吊销其执照   D. 责令停产，处以罚款

58. 消防工作贯彻（C）的方针，坚持专门机构与群众相结合的原则，实行防火安全责任制。

    A. 预防为主   B. 安全第一，预防为主

    C. 预防为主，防消结合   D. 统一管理，防消结合

59. 生产易燃易爆危险品的单位，对产品应当附有说明其危险性的（C）。

    A. 提示标识   B. 警告标识   C. 说明书   D. 注意事项

60. 依法管理、方便群众，保障道路交通有序、安全、畅通是道路交通安全工作的（D）。

    A. 责任   B. 目的   C. 权利   D. 原则

61. 设计单位的主要安全责任有（C）。

    A. 应对生产安全事故提出整改方案

    B. 对生产安全事故进行评价

    C. 应对涉及施工安全的重点部位和环节在设计文件中注明

    D. 应接实际情况进行设计

62. 施工单位应当具备国家规定的注册资本、（C）、技术装备和安全生产等条件，依法取得相应等级的资质证书。

    A. 一定数量劳务工人   B. 安全技术人员

    C. 专业技术人员   D. 完善的相关制度

63. 以下不属于列入建设工程概算的安全生产所需资金的是（C）。

A. 安全生产条件的改善　　　　　　B. 安全设施的采购和更新

C. 聘请专职的安全技术人员　　　　D. 安全施工措施的落实

64. 国务院（B）部门对全国建设工程安全生产工作实施综合监督管理，国务院（B）部门对全国的建设工程安全生产实施监督管理。

A. 执法、行政　　　　　　　　　　B. 负责安全生产监督管理、建设行政主管

C. 行政监督、管理　　　　　　　　D. 建设行政主管、负责安全生产监督管理

65. 实施总承包的建筑施工单位，应由（A）编制建设工程生产安全事故应急救援预案。

A. 总承包单位　　B. 分包单位　　C. 施工单位　　D. 上级主管部门

66. 根据《建设工程安全生产管理条例》的规定，对发现违法行为但不予查处的有关管理部门工作人员应给予的行政处分是（A）。

A. 降级或撤职　　B. 警告　　　C. 开除　　　　D. 通报批评

67. 《建设工程安全生产管理条例》规定：注册职业人员未执行法律法规和工程建设强制性标准，造成重大安全事故的（D）。

A. 停止执业　　　B. 5 年不予注册　　C. 10 年不予注册　　D. 终身不予注册

68. 《民用爆炸物品管理条例》制定的目的是：严格管理（D）爆炸物品，（D）爆炸事故的发生，防止犯罪分子利用爆炸物品进行破坏活动，保障社会主义建设和人民生命财产的安全。

A. 民用、防止　　B. 工业、防止　　C. 特殊、预防　　D. 民用、预防

69. 使用爆破器材必须建立严格的（D）制度，严禁非爆破人员进行爆破作业。

A. 安全责任　　　B. 安全操作　　C. 安全使用　　D. 领取、清退

70. 在生产、储存、销售、运输、使用爆炸物品申，存在不安全隐患，经指出仍不改正的，公安机关有权责令限期进行整改或停业整顿；对屡教不改的，县、市（A）有权吊销其许可证，工商行政管理局同时吊销其营业执照。

A. 公安局　　　　　　　　　　　　B. 安全生产监督管理局

C. 消防局　　　　　　　　　　　　D. 技术监督局

71. 国家对危险化学品的生产和储存实行统一规划、合理布局、严格控制，并对危险化学品生产储存实行（C）制度。

A. 按需供应　　　B. 统一管理　　C. 审批　　　　D. 统一分配

72. 危险化学品的储存不符合要求的场所是（B）。

A. 专用场地　　　B. 专用生产车间　　C. 专用储存室　　D. 专用仓库

73. 生产、储存、使用剧毒化学品的单位，应当对本单位的生产、存储装置（C）进行一次安全评价。

A. 每季度　　　　B. 每半年　　　C. 每年　　　　D. 每两年

74. 发生危险化学品事故，有关部门未依照《危险化学品安全管理条例》的规定履行职责，组织实施救援或者采取必要措施，减少事故损失，防止事故蔓延、扩大，或者拖延、推诿的，对负有责任的主管人员和其他直接责任人员依法给予（A）的行政处分。

A. 降级或者撤职　B. 警告　　　　C. 罚款　　　　D. 记过或开除

75. 特大安全事故发生后，按照国家有关规定组织调查组对事故进行调查。事故调查工作应当自事故发生之日起（C）日内完成，并由调查组提出调查报告；遇有特殊情况的，经调查组提出并报国家安全生产监督管理机构批准后，可以适当延长时间。

A. 30　　　　　　　B. 50　　　　　　　C. 60　　　　　　　D. 80

76. 不属于安全生产违法行为行政处罚种类的是（D）。

A. 罚款　　　　　B. 拘留　　　　　C. 责令停产　　　　　D. 没收财产

77. 以下行为中，应给予警告并可处1万元以下罚款的是（C）。

A. 末按照规定对从业人员进行安全生产教育和培训的

B. 未建立、健全本单位安全生产责任制

C. 对重大事故预兆或者已经发现的事故隐患不及时采取措施的

D. 末组织制定并实施本单位生产安全事故应急救援预案的

78. 未为从业人员提供符合国家标准或者行业标准的劳动防护用品的生产经营单位应处以（A）并可处（A）万元以下的罚款。

A. 责令期限改正、5　　　　　　　　B. 责令期限改正、3

C. 警告、5　　　　　　　　　　　　D. 警告、3

79. 安全生产违法行为轻微并及时纠正，没有造成危害后果的，不予（A）处罚。

A. 行政　　　　　B. 经济　　　　　C. 刑事　　　　　D. 民事

80. 根据行政处罚备案的相关规定，县级以上人民政府安全生产监督管理部门处以（A）元以上罚款、责令停产停业、停产停业整顿的行政处罚的部门，应当自作出行政处罚之日起（A）日内报市（地）级人民政府安全生产监督管理部门备案。

A. 5000、7　　　　B. 5000、5　　　　C. 1万、7　　　　D. 1万、5

81. 为了加强安全生产监督管理，（A）生产安全事故的发生，保障人民群众生命财产安全，促进经济发展和保障社会稳定，必须加强安全生产立法工作。

A. 防止和减少　　　B. 控制　　　　　C. 预防　　　　　D. 降低

82. 在物质内部，凡是原子呈无序堆积状态的称为（A）。

A. 非晶体　　　　B. 亚晶体　　　　C. 晶体　　　　　D. 中晶体

83. 乙炔与空气混合器的爆炸极限为（C）。

A. 2.2%～61%　　B. 15%～28%　　C. 2.2%～81%　　D. 10%～81%

84. 企业主管部门和政府监察部门接到死亡、重（特）大伤亡事故报告后，应当按系统快速上报事故报至省、自治区、直辖市企业主管部门和安全监察部门，（B）事故报至国务院监察部门和有关主管部门。同时，监察部门应迅速填报《企业职工死亡事故速报表》，直接报至国家和省级监察部门。

A. 重伤、死亡　　　　　　　　　　B. 死亡、重（特）大伤亡

C. 轻伤、重伤　　　　　　　　　　D. 重伤、重（特）大伤亡

85. 某车间将残留有硝酸的瓦罐随意在车间通道旁堆放，致使工人因无意中将瓦罐踢碎而被硝酸烧伤。在分析事故原因时，属于事故的（B）原因。

A 管理　　　　　B. 直接　　　　　C. 领导　　　　　D. 间接

86. 人的有意识的心理活动的一个显著特点就表现在：它是围绕着（B）进行的。

A. 人的主观意愿　　B. 满足人的需要　　C. 社会环境　　　D. 人的生存要求

87. 宪法第（B）条规定："中华人民共和国公民有劳动的权利和义务。国家通过各种途径，创造劳动就业条件，加强劳动保护，改善劳动条件，并在发展生产的基础上，提高劳动报酬和福利待遇。国家对就业前的公民进行必要的劳动就业训练。

A. 四十一　　　　　B. 四十二　　　　C. 四十五　　　D. 四十八

88. （B）就是调整在生产经营过程中产生的与劳动者或生产人员的安全和健康，以及生产资料和社会财富安全保障有关的各种社会关系的法律规范的总和。

A. 安全生产法律　B. 安全生产法规　C. 全生产管理法规 D. 安全生产技术法规

89. 设备、环境的（B）是实现安全生产的物质基础，是提高技术装备水平，消除物的不安全状态的根本措施。

A. 现代化　　　　　B. 安全化　　　　C. 智能化　　　D. 人机一体化

90. 离开特种作业岗位达（B）以上的特种作业人员，应当重新进行实际操作考核，经确认合格后方可上岗作业。

A. 3 个月　　　　　B. 半年　　　　　C. 一年　　　　D. 两年

91. 安全防护、保险、信号等装置缺乏或有缺陷；设备、设施、工具、附件有缺陷；个人防护用品用具缺少或有缺陷；生产（施工）场地环境不良等，均属于事故发生原因中的（B）。

A. 人的不安全行为　　　　　　　B. 物的不安全状态

C. 管理缺陷　　　　　　　　　　D. 领导失误

92. 某企业在生产过程中，将有残留硫酸的容器随意在车间中堆放，致使职工误接触而烧伤。这种事故原因属于人的不安全行为中的（B）。

A. 生产场地环境不良　　　　　　B. 物体存放不当

C. 冒险进入危险场所　　　　　　D. 对现场工作缺乏指导

93. 甲企业职工借调到乙企业参加生产并由乙企业负责指挥，在生产过程中该职工发生工伤事故，下述处理方法中，（B）是正确的。

A. 乙企业通知甲企业，由甲企业统计报告

B. 由乙企业统计报告，并通知甲企业

C. 由乙企业统计报告，不用通知甲企业

D. 双方共同统计报告

94. 准确认知是正确思维判断和行为反应的（B）。

A. 关键　　　　　　B. 前提　　　　　C. 基础　　　　D. 保证

95. 下列粉尘中，（B）属于无机粉尘。

A. 烟草尘　　　　　B. 滑石粉　　　　C. 亚麻尘　　　D. 骨粉

96. 事故调查的目的，就是要分清事故的责任，追究事故的责任者，这种说法是（B）的。

A. 正确　　　　　　B. 不正确　　　　C. 比较片面　　　D. 可以接受

97. 我国社会主义法制的基本要求是（B）。

A. 加快立法步伐，建立完善的法律体系

B. 有法可依，有法必依，执法必严，违法必究

C. 从快从重从严惩处一切违法犯罪分子

D. A 和 C

98. 高、低压绝缘手套应每（B）月做耐压试验一次。

A. 12   B. 6   C. 3   D. 24

99. 企业负责人接到发生重伤、死亡、重（特）大伤亡事故报告后，必须立即将事故概况（包括事故发生时间、地点、原因和伤亡人数），用快速办法报告企业主管部门和企业所在地政府安全监察部门、（B）和工会。

A. 信息部门   B. 公安部门   C. 检察院   D. 法院

100. 2001 年 4 月 21 日（B）颁布的《关于特大安全事故行政责任追究的规定》，对事故的行政责任作了专门的规定。

A. 全国人大常委会   B. 国务院   C. 原国家经贸委   D. 国家安全生产监督管理局

101.（B）是控制事故扩大的有效方法。

A. 事故预防措施   B. 事故应急救援预案

C. 事故抢险措施   D. 事故调查处理

102. 消防工作"谁主管，谁负责"是指一定范围内，法人代表或行为人所（B）。

A. 负担责任和行使权力   B. 享有的权力和应尽的义务

C. 担任职务和履行职责   D. 享受待遇和应负责任

103. 消防水泵应保证在火警发生后（B）分钟内开始工作，并在火场断电时仍能正常运转。

A. 3   B. 5   C. 7   D. 10

104. 国有企业内部实行承包经营后，发生伤亡事故，应由（C）负责做统计报告。

A. 发包单位   B. 上级主管单位   C. 该企业   D. 劳动部门

105. 伤亡事故经济损失，指企业职工在劳动生产过程中发生伤亡事故所引起的（C）经济损失。

A. 人员伤亡   B. 间接   C. 一切   D. 毁坏财产

106. 企业应按月填写《企业职工伤亡事故月报表》，并在每月终了后的（C）内报送当地监察部门。

A. 2 天   B. 5 天   C. 3 天   D. 一周

107. 安全生产法规是党和国家的安全生产方针政策的集中表现，是上升为国家和政府意志的一种行为（C）。

A. 标准   B. 指南   C. 准则   D. 规范

108. 目标管理考评的原则是（C）。

A. 自我评价与上级评定相结合   B. 目标的实现程度与客观条件变化相结合

C. 重视成果与综合评价相结合   D. A 和 C

109. 工作节奏的实质就是工作的（C）问题。

A. 进度   B. 动作频率   C. 速度   D. 快慢

110. 企业内食堂、托儿所、医务室等工作人员，在工作中发生伤亡事故，（C）伤亡事故统计报告。

　　A. 各地不统一　　　　B. 不做　　　　　　C. 应做　　　　　　D. 企业决定

111. 公共汽车在行驶时翻车引起的人身伤害事故，属于（C）事故类别。

　　A. 物体打击　　　　B. 机械伤害　　　　C. 车辆伤害　　　　D. 其他伤害

112. 砖头、工具等从高处落下所造成的人身伤害事故，属于（C）事故类别。

　　A. 高处坠落　　　　B. 机械伤害　　　　C. 物体打击　　　　D. 无安全检查

113. 安全目标管理的目标是（C）。

　　A. 主要由上级确定，下级执行

　　B. 主要根据群众的意愿决定并执行

　　C. 上、下级充分协商，取得一致意见基础上制定并执行

　　D. 由下级提出，经上级批准，确认后执行

114. 要完成一定功能目标的活动，都必须有相应的（C）作为保障。

　　A. 制度　　　　　　B. 功能　　　　　　C. 组织　　　　　　D. 职责

115. 危险化学品的管理内容包括（C）。

　　A. 安全规划；安全生产；安全包装；安全储存；安全运输；安全使用；安全处置

　　B. 安全标识；安全选址；安全设计；安全生产；安全储存；安全运输；安全使用

　　C. 安全标识；安全选址；安全生产；安全储存；安全运输；安全使用；安全处置

　　D. 安全选址；安全规划；安全设计；安全组织；安全生产；安全储存；安全使用

116. 管理与控制的本质就是（C）。

　　A. 人的管理　　　　B. 物的管理　　　　C. 信息管理　　　　D. A 和 B

117. 目前，我国的工伤保险制度贯彻了（C）相结合的指导思想和改革思路。

　　A. 工伤保险与事故处理　　　　　　B. 工伤保险与事故处罚

　　C. 工伤保险与事故预防　　　　　　D. 工伤保险与安全管理

118. 安全生产法律关系的主体依法享有的权利和承担的义务受（C）的保护和强制。

　　A. 国家　　　　　　B. 政府　　　　　　C. 法律　　　　　　D. 行政权力

119. 由于个人原因导致事故发生，造成人员伤害或财产损失，除根据违法性质和后果严重程度追究行政责任或刑事责任外，个人还要承担的赔偿责任称为（C）。

　　A. 民事赔偿　　　　B. 民事补偿　　　　C. 民事责任　　　　D. 赔偿责任

120. 一切法律关系都具有（D）内容，并有国家强制力保证，是具有强制性的社会关系。

　　A. 权力　　　　　　B. 义务　　　　　　C. 职能　　　　　　D. A 和 B

121. 按照 GB6441—86《企业职工伤亡事故分类标准》，重伤事故是指损失工作日（D）105 日和小于 6000 日的伤害事故。

　　A. 小于　　　　　　B. 大于　　　　　　C. 小于等于　　　　D. 大于等于

122. 在各种事故因果类型中，事故的发生多为（D）型。

　　A. 连锁　　　　　　B. 多因致果　　　　C. 集中　　　　　　D. 复合

123. 危险性是对系统危险程度的客观描述，它是（D）的函数。

A. 危险的潜在状态　B. 危险概率　　　　C. 危险严重程度　　D. B 和 C

124.《安全生产法》第十九条对（C）作了专门规范。

A. 安全组织机构的建立　　　　　　　B. 安全管理人员的配备

C. A 和 B　　　　　　　　　　　　　D. 安全生产条件的规范

125.《安全生产法》第二十八条规定："生产经营单位应当在有较大危险因素的生产经营场所和有关设施、设备上，（C）。

A. 设置灵敏的报警装置　　　　　　　B. 设置可靠的防护设施

C. 设置明显的安全警示标志　　　　　D. A 和 B

126. 矽肺病患者最常见的并发症为（C）。

A. 高血压　　　　　B. 糖尿病　　　　　C. 肺结核　　　　　D. 哮喘

127. 在安全生产工作的保护对象中，（C）是第一位的。

A. 物　　　　　　　B. 财产　　　　　　C. 人　　　　　　　D. 环境

128. 在现行事故统计中，死亡事故是指一次死亡（C）的事故。

A.3～5 人　　　　B. 3～9 人　　　　C. 1～2 人　　　　D.3 人（含 3 人）以上

129. 操作错误；造成安全装置失效；使用不安全设备；冒险进入危险场所；攀、坐不安全位置等，均属于事故发生原因中的（C）。

A. 领导失职　　　B. 管理缺陷　　　C. 人的不安全行为　D. 物的不安全状态

130.《安全生产法》第七十六条确立了事故统计公布制度的（D）等内容。

A. 事故的归口管理　　　　　　　　　B. 事故的统计管理

C. 保障社会公众对事故的知情权　　　D. A 和 C

131. 对于重伤以上的事故应组织调查组，尽快查明事故原因，拟定改进措施，提出对事故责任者的处理意见，填写《职工伤亡事故调查报告书》。在事故发生后（D）内报送单位主管部门、当地安全监察部门、工会和其他有关单位。

A. 半年　　　　　B. 半个月　　　　C. 两个月　　　　D. 一个月

132. 安全生产是指从事生产经营活动过程中，为避免发生造成（D）的事故而采取相应的事故预防和控制措施，以保证从业人员的人身安全，保证生产经营活动得以顺利进行的相关活动。

A. 人员伤害　　　B. 财产损失　　　C. 产品质量　　　D. A 和 B

133. 安全生产法规与管理体制生产经营单位对（D）的安全生产工作统一协调、管理。

A. 承包单位　　　　　　　　　　　　B. 承租单位

C. 外来生产作业人员　　　　　　　　D. A 和 B

134. 安全生产法规与管理体制按工伤事故的严重程度，可将伤亡事故分为：轻伤事故——指只有轻伤发生的事故重伤事故——指最重的伤害程度为重伤的事故死亡事故——指有人死亡，人数为 1～2 人的事故重大伤亡事故：指一次事故死亡（D）的事故特大伤亡事故：指一次事故死亡（D）的事故。

A.1～2 人、3 人（含）以上　　　　　B. 2～4 人、5 人（含）以上

C.3～6 人、7 人（含）以上　　　　　D.3～9 人、10 人（含）以上

135. 目标管理是（D）创立的，1954 年，他在《管理实践》中首先使用了"目标管理"的概念，接着又提出了"目标管理和自我控制"的主张。

A. 美国的泰勒　　　B. 法国的法约　　　C. 美国的梅奥　　　D. 美国的杜拉克

136. 系统安全分析与危险性评价应该在（D）等方面进行。

A. 时间　　　　　　　　　　　　B. 空间

C. 系统的内部环境和外部环境　　D. A 和 B

137. （D）为安全目标管理具有的特点。

A. 重视人、激励人，充分调动人的主观能动性的管理

B. 主动的、积极的管理

C. 系统的、动态的管理

D. A 和 C

138. 狭义的安全管理是指在（D）中防止意外伤害和财产损失的管理活动。

A. 生产过程　　　　　　　　　　B. 工作活动过程

C. 与生产有直接关系的活动　　　D. A 或 C

139. 凡具备伤亡事故机理、仅仅因为侥幸而（D）的事故称为险肇事故。

A. 没有发生伤亡　　　　　　　　B. 没有造成社会影响

C. 未造成财产损失　　　　　　　D. A 和 C

140. 机器设备工作发生异常或人有不安全行为时，能自动防止事故发生的装置称为（D）。

A. 屏蔽装置　　　B. 安全装置　　　C. 防护装置　　　D. 保险装置

141. 危险严重度是由最终发生的伤害、职业病、设备财产损失或对环境危害的程度所定义的（D）的定性评价。

A. 后果　　　B. 潜在后果　　　C. 可能后果　　　D. 最坏潜在后果

142. 工伤保险推行（D）的机制来保证保险制度的科学性和合理性。

A. 级别费率　　　B. 差别费率　　　C. 浮动费率　　　D. B 和 C

143. 列情形之一造成工伤事故的，应追究事故单位领导者的责任（D）。

A. 违章操作

B. 违章指挥

C. 玩忽职守，违反安全责任制和劳动纪律

D. 没有安全操作规程或规章制度不健全

144. 所谓职业适应性就是指人所应有的为胜任某项职业（或职务）所必需的（D）。

A. 专业技术资格或专业技术训练　　B. 知识文化基础

C. 生理心理特性　　　　　　　　　D. B 和 C

145. 不安全状态是指能导致事故发生的（D）。

A. 人为错误　　　B. 管理缺陷　　　C. 领导失职　　　D. 物质条件

146. 用人单位不得安排（D）从事矿山井下、有毒、有害和四级劳动强度的劳动和其他禁忌从事的劳动。

A. 童工　　　　B. 未成年工　　　C. 女职工　　　D. B 和 C

147. 安全生产法规与管理体制锅炉压力表的量程应与锅炉工作压力相适应，通常为锅炉工作压力的（D）倍。

    A. 1.5   B. 4   C. 3   D. A 或 C

148. 事故因果论即根据（D）来分析事故致因的理论。

    A. 事故的因果   B. 事故的过程   C. 逻辑关系   D. A 和 C

149. 我国的安全生产方针是（D）。

    A. 以防为主，防消结合   B. 以防为主，以消为辅

    C. 安全第一，生命至上   D. 安全第一，预防为主

150. （D）是有效实施安全生产监督管理的重要前提。

    A. 强有力的资源配置   B. 健全的监督管理体制

    C. 完善的组织机构   D. B 和 C

151. 就带电部位对地电压而言，额定电压（D）及以下的为低电压，工频（D）以下的电压为安全电压（D）

    A. 200V、36V   B. 250V、36V   C. 200V、50V   D. 250V、50V

152. 系统论的基本思想是（D）。

    A. 整体性   B. 目的性   C. 综合性   D. A 和 C

153. 生产经营单位的（D）有权了解其作业场所和工作岗位存在的危险因素，防范措施及事故应急措施。这就是危险有害知情权。

    A. 法人代表   B. 经营负责人   C. 管理人员   D. 从业人员

154. 《安全生产法》的（D）对事故应急救援制度从法律上加以确认。

    A. 第六十七条   B. 第六十八条   C. 第六十九条   D. B 和 C

155. 保护零线的统一标志为（D）色。

    A. 红   B. 黄   C. 绿   D. 绿/黄

156. 危险控制系统理论实质上是接受了（D）的概念而发展起来的。

    A. 控制论的正反馈   B. 控制论的负反馈

    C. 系统论的封闭原理   D. 系统论的控制原理

157. 某企业虽然制定了安全操作规程，但很不健全，并且执行不力。由此导致事故发生，在分析事故原因时，属于事故的（D）原因。

    A. 直接   B. 管理   C. 领导   D. 间接

158. 预警级别是依据突发公共事件可能造成的危害程度、紧急程度和发展势态来划分，一般为4级：Ⅰ级（特别严重）、Ⅱ级（严重）、Ⅲ级（较重）和Ⅳ级（一般），依次用红色、橙色、黄色和（C）表示。

    A. 绿色   B. 紫色   C. 蓝色   D. 黄绿色

159. 高层楼发生火灾后，不能（A）。

    A. 乘电梯下楼   B. 用毛巾堵住口鼻   C. 从楼梯跑下楼   D. 跑到天台等待救援

160. 《安全生产法》第四十六条规定，从业人员有权（B）违章指挥和强令冒险作业。

    A. 批评   B. 拒绝   C. 执行   D. 可服从也可不服从

161. 《安全生产法》第四十九条规定：从业人员在生产过程中，应当正确佩戴和使用（C）。

A. 工具　　　　　B. 安全辅助用具　　C. 劳动防护用品　　D. 绝缘用具

162. 下列灭火器有导电能力的是（D）。

A. 二氧化碳灭火器　B. 干粉灭火器　　C. 1211 灭火器　　D. 泡沫灭火器

163. 对大气臭氧层没有破坏作用的制冷剂是（C）。

A. R12　　　　　B. R22　　　　　C. R717　　　　D. R502

164. 下列关于初始评审的描述，正确的一项是（A）。

A. 初始评审对生产经营单位现有职业安全健康管理体系及相关管理方案进行评价

B. 初始评审旨在为职业安全健康管理体系的管理方案提供依据

C. 初始评审过程主要指危害辨识、风险评价与控制

D. 初始评审工作应由行业管理部门安排专员来完成

165. 气割时，预热火焰应采用（C）。

A. 氧化焰　　　　　　　　　　B. 碳化焰

C. 中性焰或弱氧化焰　　　　　D. A 和 C

166. 《安全生产法》是安全生产方面的（C）法。

A. 专门　　　　　B. 专项　　　　　C. 综合　　　　D. 大

167. 所谓（C）是指国家要求公民必须履行的法律责任。

A. 权利　　　　　B. 权力　　　　　C. 义务　　　　D. A 和 C

168. （C）为现代工业防止事故和职业危害，保证劳动安全与卫生指出了发展的方向，并提供了根据的方法。

A. 政府的重视和关心　　　　　B. 珍惜生命以人为本的思维方式

C. 本质安全化　　　　　　　　D. 现代科学技术的发展和进步

169. （C）安全生产的管理水平是企业综合管理水平的重要体现。

A. 企业管理人员　　B. 操作人员　　C. 班组　　　　D. 车间

170. 事故的直接原因往往是由（C）和人的不安全行为等两大要素构成的。

A. 环境存在的不安全因素　　　B. 设备设施的危险隐患

C. 物的不安全状态　　　　　　D. A 和 C

171. 我国《民法通则》规定了 9 种特殊侵权民事责任，其中有（C）种属于安全事故民事责任范畴。

A. 3　　　　　　B. 5　　　　　　C. 6　　　　　D. 8

172. 《安全生产法》的第（C）条对生产经营单位的特种人员管理提出了明确的要求。

A. 二十　　　　　B. 二十二　　　　C. 二十三　　　D. 二十六

173. 根据国家标准，现有旧生产车间、厂房工作环境最高噪声（按 8 小时计算）应不超过（C）dB。

A. 95　　　　　　B. 92　　　　　　C. 90　　　　　D. 85

174. （C）是及时发现危险、有害因素、消除事故隐患的主要措施，是实现设备环境

安全化的重要保证。

A. 安全措施　　　　　　　　　　B. 安全教育

C. 安全检查　　　　　　　　　　D. 全考评

175.《中华人民共和国安全生产法》自（C）起施行。

A. 2001 年 5 月 1 日　　　　　　B. 2002 年 6 月 29 日

C. 2002 年 11 月 1 日　　　　　　D. 2003 年 1 月 1 日

176. 国家规定，在组织建设项目可行性研究报告时，应有（C），并将其作为可行性研究报告的专门章节编入可行性报告。

A. 安全生产的要求　　　　　　　B. 安全生产技术保障条款

C. 职业安全卫生的论证内容　　　D. 关于本质安全化的内容

177. 工作接地电阻值不大于（C）Ω。

A. 10　　　　　　B. 30　　　　　　C. 4　　　　　　D. 6

179. 目前我国实行的每日工作时间不超过 8 小时，根据国务院 1995 年发出的通知规定，每周工作时间不得超过（B）小时的工时制度。

A. 36　　　　　　B. 40　　　　　　C. 42　　　　　　D. 48

179. 所谓（A）是指公民按照宪法和法律的规定，可做或不做某种行为，也可要求国家和其他公民做或者不做某种行为。

A. 权利　　　　　　B. 权力　　　　　　C. 义务　　　　　　D. A 和 C

180. 生产安全事故的处理，一般在 90 日内结案，特殊情况不得超过（A）日。

A. 120　　　　　　B. 150　　　　　　C. 180　　　　　　D. 200

181. 根据 GB6442，在伤亡事故调查处理中，对责任事故在确定事故直接责任者和（A）责任者的基础上，确定主要责任者。

A. 领导　　　　　　B. 管理　　　　　　C. 间接　　　　　　D. 有关

182. 企业的安全管理体制改革必须（A）。

A. 落实安全生产责任制　　　　　B. 以系统理论为指导

C. 加大安全技术措施费用的投入　D. 发动全体员工参加

183. 目前，我国的安全生产法规已初步形成一个以（A）为依据，由有关法律、行政法规、地方性法规和有关行政规章、标准规范所组成的综合体系。

A. 中华人民共和国宪法　　　　　B. 中华人民共和国刑法

C. 中华人民共和国安全生产法　　D. B 和 C

184.（A）的物体和物质，称为起因物。

A. 导致事故发生　　　　　　　　B. 直接引起伤害

C. 直接引起伤害和中毒　　　　　D. 间接引起伤害和中毒

185. 安全检查的主要目的是（A）。

A. 要查出事故隐患，为进行整改或制定安全技术措施计划提供依据

B. 提高广大员工的安全意识、提醒职工注意安全生产

C. 为应付上级检查，作好充分的准备，以免出现纰漏

D. 由下级提出，经上级批准，确认后执行

186. 根据现行胶管制造的国家标准规定：在气焊作业中的氧气胶管，其漆色应为（A）色。

    A. 红   B. 绿   C. 白   D. 黑

187. 不安全行为是指能导致事故发生的（A）。

    A. 人为错误   B. 管理缺陷   C. 领导失职   D. 物质条件

188. 系统安全分析与危险性评价应按（B）步骤进行。

    A. 危险因素的识别－系统的分解－危险性评价－系统危险性分析－制定消除或控制危险的对策措施

    B. 系统的分解－危险因素的识别－系统危险性分析－危险性评价－制定消除或控制危险的对策措施

    C. 系统的分解－系统危险性分析－危险因素的识别－危险性评价－制定消除或控制危险的对策措施

    D. 系统危险性分析－危险因素的识别－危险性评价－系统的分解－制定消除或控制危险的对策措施

189. 从安全的角度出发，职业适应性分析主要是指职业反应性的（B）分析。

    A. 生理学   B. 心理学   C. 行为学   D. 神经系统灵敏度

190. 系统安全性指标的（B）是事故评价定量化的标准。

    A 指标   B. 目标值   C. 定量值   D. 标准值

191. 安全生产法规是运用（B）来维护企业安全生产的正常秩序。

    A. 政府权力   B. 国家强制力   C. 行政力   D. A 和 C

192.《安全生产法》第（B）条规定可以说是安全生产在舆论监督上的法律依据。

    A. 五十七   B. 六十七   C. 七十六   D. 八十六

193.《安全生产法》规定，生产经营单位不得将生产经营项目、场所、设备发包或者出租给（B）的单位或个人。

    A. 不具备生产能力   B. 不具备安全生产条件或相应资质

    C. 设备、装备或技术能力比较差   D. A 和 C

194. 安全生产法》第（B）条规定："生产经营单位应当在有较大危险因素的生产经营场所和有关设施、设备上，设置明显的安全警示标志"。

    A. 二十六   B. 二十八   C. 三十六   D. 三十八

195. 在科研、生产过程中，可能发生事故、并能使工作人员造成死亡或重伤、设备系统造成重大损失的生产现场的生产现场称为（B）。

    A. 事故现场   C. 危险点   D. 危险作业   B. 危险过程

196.（B）于 2002 年 1 月 9 日国务院第 52 次常务会议通过，以中华人民共和国国务院令第 344 号发布，并于 2002 年 3 月 15 日起施行。

    A.《企业职工伤亡事故报告和处理规定》

    B.《危险化学品安全管理条例》

    C.《关于特大安全事故行政责任追究的规定》

    D.《工伤保险条例》

197. 因安全生产事故受到损害的从业人员，除依法享有工伤社会保险外，依照有关法律尚有获得（B）的权利。

A. 民事补偿　　　　　B. 民事赔偿　　　　　C. 商业保险　　　　　D. A 和 C

198. （B）应对生产、经营、储存、使用危险物品，未建立专门安全管理制度、未采取可靠的安全措施的违法行为承担主要的法律责任。

A. 安全生产监督管理部门　　　　　B. 生产经营单位

C. 中介机构　　　　　D. 相关人员

199. 根据现行胶管制造的国家标准规定：在气焊作业中的乙炔胶管，其漆色应为（B）色。

A. 黄　　　　　B. 绿　　　　　C. 白　　　　　D. 灰

200. 安全生产是我国的一项重要政策，也是（B）的重要原则之一。

A. 生产管理　　　B. 企业管理　　　C. 企业经营　　　D. 生产活动

201. 我国目前法定的职业病分为（B）类。

A. 7　　　　　B. 9　　　　　C. 10　　　　　D. 12

202. （B）是指国家为搞好安全生产，防止和消除生产中的灾害事故，保障职工人身安全并根据不同行业、不同专业的技术特点而制定的法律规范。

A. 安全管理法规　　B. 安全技术法规　　C. 安全技术标准　　D. 安全生产法律

203. （B）是安全生产管理工作应"以人为本"理念的具体体现。

A. 安全生产规章制度的制定　　　　　B. 安全生产教育培训

C. 安全生产检查　　　　　D. 安全事故应急救援预案的制定和训练

204. 《安全生产法》规定，在生产经营单位的建设工程中，安全设施投资应当纳入（B）。

A. 技改资金预算　　　　　B. 建设项目概算

C. 安全生产技术措施计划　　　　　D. A 和 C

205. 根据国家统计局 1985 年对伤亡职工人数统计的规定，生产性企业招收的临时工（包括农民工），在生产过程中发生了伤亡事故，（B）事故统计报告。

A. 不做　　　B. 应该做　　　C. 可做可不做　　　D. 按上级要求做

206. 我们所称谓的安全生产管理在欧美各国称为（B）。

A. 劳动保护　　　B. 职业安全卫生　　　C. 安全管理　　　D. 工业安全

207. 安全生产法律关系的产生，首先要以现行的安全生产法律规范的存在为前提，同时，还要有法律规范适用的条件即（B）的出现。

A. 事实　　　B. 法律事实　　　C. 客观实在　　　D. 法律关系

208. 对于违反安全生产法规的违法行为，必须追究其（B）。

A. 行政责任　　　B. 法律责任　　　C. 民事责任　　　D. A 和 C

209. 某工人未经培训就被安排从事冲床操作，第 3 日即被冲断手指。在分析事故原因时，属于事故的（A）原因。

A. 直接　　　B. 管理　　　C. 领导　　　D. 间接

210. 被称为"法国经营管理之父"的法约尔认为管理就是（A）。

A. 计划、组织、指挥、协调、控制　　B. 计划、布置、指挥、检查、控制

C. 决策、计划、组织、协调、控制　　　D. 决策、组织、实施、反馈、监督

211. 与用电设备相联接的保护线应采用截面不小于（A）mm² 的绝缘多股铜芯线。

A. 2.5　　　　　　B. 6　　　　　　C. 10　　　　　　D. 5

212.《磨削机械安全规程》规定：直径大于或等于（A）mm 的砂轮装上砂轮卡盘后，应先进行静平衡试验。

A. 200　　　　　　B. 100　　　　　　C. 150　　　　　　D. 1.5～3